畜禽生长发育规律研究

蒋林树　陈俊杰　熊本海　主编

中国农业出版社

北　京

图书在版编目（CIP）数据

畜禽生长发育规律研究 / 蒋林树，陈俊杰，熊本海
主编．—北京：中国农业出版社，2021.8
ISBN 978-7-109-28144-8

Ⅰ.①畜…　Ⅱ.①蒋…②陈…③熊…　Ⅲ.①畜禽—
生长发育—研究　Ⅳ.①S813.24

中国版本图书馆 CIP 数据核字（2021）第 068417 号

中国农业出版社出版
地址：北京市朝阳区麦子店街 18 号楼
邮编：100125
责任编辑：姚　佳
版式设计：杜　然　责任校对：沙凯霖
印刷：北京中兴印刷有限公司
版次：2021 年 8 月第 1 版
印次：2021 年 8 月北京第 1 次印刷
发行：新华书店北京发行所
开本：700mm×1000mm　1/16
印张：11.75
字数：256 千字
定价：58.00 元

本研究得到以下项目和单位的资助与支持：

国家"十三五"重点研发计划项目：信息感知与动物精细养殖管控
    机理研究 2016YFD0700201，2016YFD0700205
奶牛营养学北京市重点实验室/北京农学院
中国农业科学院北京畜牧兽医研究所
现代农业产业技术体系北京市奶牛创新团队
北京市农林科学院农业信息与经济研究所
北京市平谷区动物疫病预防控制中心
北京普瑞牧农业科技有限公司

编写人员名单

主　　编　蒋林树　陈俊杰　熊本海

副主编　刘　磊　熊东艳　刘长清　贾春宝　黄秀英

参编人员（按姓氏笔画排序）

　　　　　王秀芹　刘　磊　刘长清　刘海艳　苏明富

　　　　　李振河　肖秋四　张　良　张景齐　陈俊杰

　　　　　赵　伟　贾春宝　黄秀英　梁自广　葛忠源

　　　　　蒋林树　韩　婷　熊本海　熊东艳

前 言 FOREWORD

　　畜禽个体的生长均有不均衡性、非等速和顺序性的表现规律。在养殖生产中，为了获取更多的肉、蛋、奶等产品及经济效益，必须提高畜禽的产能，而提高畜禽产能的有效途径就是掌握畜禽生长发育规律。

　　畜禽生长发育指的是从两性配子结合成受精卵开始，经过胚胎、幼年、成年到衰老消亡为止的整个生命周期过程。这是遗传因素与环境因素共同作用的结果，生长发育研究既涉及基因表达，又涉及保证基因表达的环境条件。各种畜禽的生长发育都有其规律性，其影响因素复杂多样，主要有动物的品种和性别、饲料类型和组成，以及饲养技术、畜群管理、生产企业管理、气候条件、疾病预防和控制。生长发育研究对畜禽选种、培育具有非常重要的作用，能够帮助饲养者在投入和产出之间寻求平衡点，以获取最大的经济效益。

　　畜禽生长规律和模型研究对指导人们从事动物生产实践有重要意义。通常的畜禽生长模型可分为两类，一类是理论模型，它是由动物代谢过程的基本概念、特征及生物化学原理而得到的一系列方程，这类模型主要用来增加对动物体内代谢过程的理解；另一类是经验模型，这类模型是收集大量的动物试验数据，并用统计分析方法将数据进行处理、分析和综合而得到的一系列数学方程，这种模型可以用来模拟动物每天的生产。归纳起来，畜禽生长模型具有以下几方面的作用：一是为选择生产畜禽合理的饲养方式提供经济分析；二是将实际记录的动物生产表现与其可能的生产潜力进行比较，并发现管理缺陷，以提高饲养者管理水平；三是论证采用可行的饲养管理技巧及相对经济效益；四是有助于分析基本生理性状的遗传改进或外来刺激对畜禽生长的影响；五是发现未知的研究领域。

　　早期的畜禽生长模型仅把畜禽看成一个产出体系，因此仅考虑畜禽的内在因素，如年龄、体重、性别、品种和基因型等的相互关系。随着生产的发展，人们要求畜禽生长模型具有更大的灵活性和更广泛的适应性，并有助于阐明生长的发生机制。后期有人开始了生物学模型的研究，这种可能包含了理论和经验因素的模型试图将生长描述成基本的生理和生化过程及代谢控制点共同作用的结果，这种模型能将影响畜禽生长的大多数外部因素以一种基本的方式参合进去。近年来，畜禽生长模型的研究在计算机科学发展的基础上取得了快速发展，而随着技术手段水平的提升，畜禽生产规律及模型研究将更加广泛地应用于畜禽生产实际，并发挥出最大效益。

本书主要从影响畜禽生长发育的主要因素入手，重点对猪、鸡等畜禽生产发育规律进行探讨研究，通过数量模型化的方式阐述不同畜禽品种生长发育的特点及养殖要点。希望本书能为广大农民养殖畜禽提供技术参考，以提升养殖效益。

因编者水平有限，书中难免存在一些疏漏和不足之处，敬请读者批评指正。

编　者

2020 年 10 月

目 录 CONTENTS

Chapter 第一章
畜禽产业现状及分析

第一节　国内外家畜产业现状及分析

一、当前我国家畜产业发展现状分析

改革开放以来，我国畜牧业发展取得了举世瞩目的成就。畜牧业生产规模不断扩大，畜产品总量大幅增加，畜产品质量不断提高。特别是近年来，随着强农惠农政策的实施，畜牧业发展势头加快，生产方式发生了积极转变，规模化、标准化、产业化和区域化步伐加快。目前，畜牧业产值已占我国农业总产值的34％，在畜牧业发展快速的地区，畜牧业收入已占到农民收入的40％以上。在许多地方畜牧业已经成为农村经济的支柱产业，成为增加农民收入的主要来源，一大批畜牧业优秀品牌不断涌现，为促进现代畜牧业发展做出了积极贡献。

当前，我国畜牧业发展特别是畜产品质量安全监管仍面临着严峻形势，任务艰巨。一些地方存在着畜牧业投入不足、畜牧业生产和畜产品加工有隐患、影响畜产品质量安全的不确定性因素依然存在、饲养环境和生产条件相对落后、重大动物疫病形势严峻等问题。

大力推进畜产品品牌建设、发展优质安全的品牌畜牧业是建设现代畜牧业的有效途径。特别是在畜产品的安全面临着更大范围、更深层次挑战的情况下，大力加强畜产品品牌建设、增强企业社会责任是应对畜牧业生产面临的挑战、维护消费者生命健康安全、促进畜牧业健康发展的有力举措。要把畜牧业品牌建设作为加强畜产品质量监管的重要内容，制定和落实相关支持政策及措施，通过发挥优秀品牌的示范带动作用，探索畜牧业品牌建设的途径和经验。

2019年非洲猪瘟导致能繁母猪存栏量下降，生猪存栏量和出栏量减少，导致猪价大幅上涨，养殖利润大幅增加。生猪出栏量减少导致猪肉供给存在巨大缺口，禽肉等替代动物蛋白需求剧增，黄羽鸡、白羽鸡、鸡苗等价格大幅上涨，肉禽养殖利润大幅增加。而随着生猪存栏量下降，饲料、疫苗等养殖投入品需求量大幅减少，豆粕、玉米等饲料原料价格持续低迷，动物疫苗企业业绩下滑。

非洲猪瘟导致行业产能降低近40％。非洲猪瘟发生以来，全国生猪养殖

产能大幅下降，截至 2019 年 7 月底，全国能繁母猪存栏同比下滑 38.9%，环比下滑 2.8%，降幅有所收窄。生猪存栏同比下滑 41.1%，环比下滑 3%。

根据生猪养殖规律，理论上在能繁母猪稳定后 4 个月左右生猪存栏稳定，疫苗和饲料需求量也将随之逐步稳定，10 个月后生猪出栏量增加（图 1-1）。

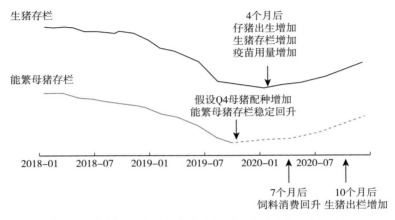

图 1-1　假设 Q4 能繁母猪稳定回升，理论产能恢复时间图

从 2019 年 3 月开始，生猪出栏和猪肉产量逐月减少，猪价逐月上涨（图 1-2），肉鸡价格受自身供给和需求拉动全年维持高位运行（图 1-3）。2020 年生猪出栏量同比将继续减少，肉类总供给量相比于 2019 年将继续下降（图 1-4），畜禽价格预计将继续保持高位。

图 1-2　2016—2019 年生猪价格趋势

本轮猪周期与以往周期有很大不同：第一，产能去化幅度几倍于前几轮周期；第二，导致产能去化的核心矛盾非洲猪瘟尚未根除；第三，小散户永久性地退出了生猪养殖业，目前产能恢复以规模场和集团化养殖企业为主。

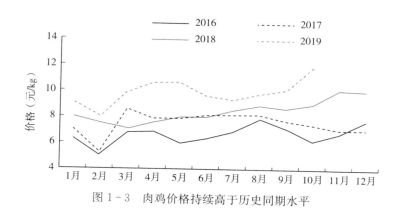

图 1-3　肉鸡价格持续高于历史同期水平

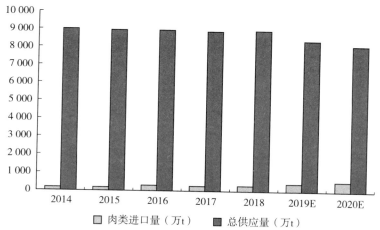

图 1-4　2014—2020 年我国肉类进口量及供应总量预测

全国生猪价格走势和全国仔猪价格走势分别见图 1-5、图 1-6。

2019 年，全国生猪养殖行业产能去化近 40%，上市公司同样不能幸免，龙头企业温氏股份生猪出栏量连续 3 个季度环比下滑，Q1～Q3 分别下滑 2.5%、2.5% 和 35%，牧原股份同样连续 3 个季度环比下滑，Q1～Q3 分别下滑 10%、10% 和 23%（图 1-7）。全年出栏量分别为 1 900 万头和 1 050 万头。

龙头企业在遭受疫情影响后很快着手恢复产能，将三元商品猪留作母猪，在饲养 3～4 个月后进行配种，转为能繁母猪，使得产能得以快速恢复（产仔率略低于二元种猪，仔猪育肥效率无影响，使用时间一般为 2 年，短于二元母猪）（图 1-8 至图 1-10）。

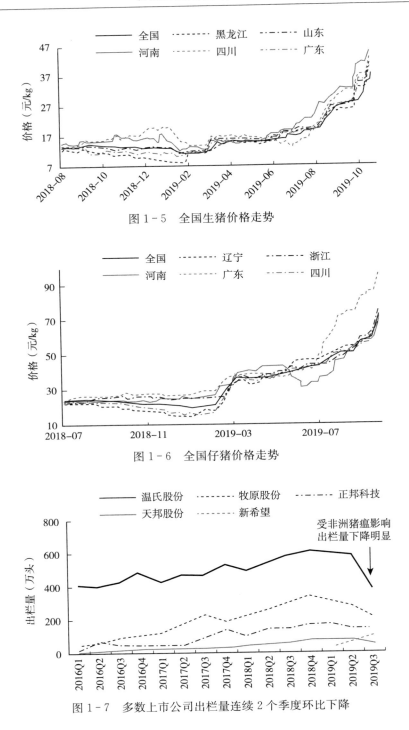

图1-5　全国生猪价格走势

图1-6　全国仔猪价格走势

图1-7　多数上市公司出栏量连续2个季度环比下降

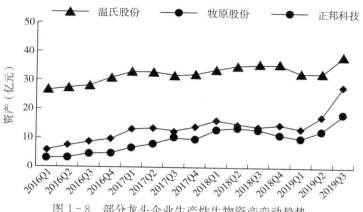

图1-8 部分龙头企业生产性生物资产变动趋势

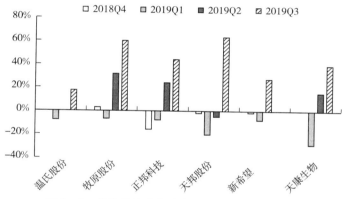

图1-9 多数龙头企业生产性生物资产环比转正

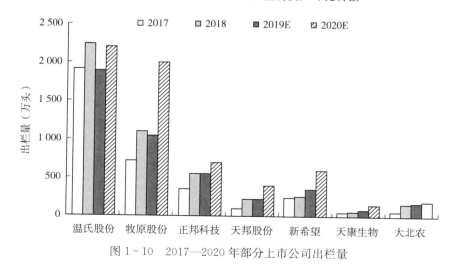

图1-10 2017—2020年部分上市公司出栏量

二、我国家畜产业发展遇到的主要问题

（一）农村养殖户缺乏技术

长期以来我国农村生产模式还是以传统的农业生产为主，小规模生产，自然经济仍占据一定的主导地位。在养殖业方面则体现为以散养为主，处于家庭生产的副业地位。这种散养模式与规模化、科学化、集约化生产的现代化养殖业相比相差甚远。散户养殖生产设备、生产技术及生产条件相对落后，尤其在思想意识方面不能适应现代化养殖业的需要。大部分散户养殖户仍旧把农业养殖当作家庭收入的一个补充形式，加之这些养殖户文化水平相对较低，接受现代化的专业养殖技术比较困难，这也成为在农村大规模发展养殖业的一大障碍。

（二）环境污染严重

畜牧养殖所产生的大量粪便如果处理不好，则直接对当地环境造成污染和破坏。现今无论是大规模的现代化养殖场还是小规模的散户养殖，对畜禽的粪便处理还缺乏相应的环保措施和废物处理系统，粪便未经处理直接露天堆放或直接排入河流，造成对环境的污染。同时，这些大量堆放的粪便也造成了一些人畜疫病的发生。现有解决方法一般为水冲式和沼气利用。采用水冲式清粪则需要大量的处理污水，这些污水如能经过分离后排入农田则可以达到利用的目的，如直接或间接排入河流，对地表水的污染也很严重。另外，畜禽粪便发酵后产生大量的二氧化碳、氨气、硫化氢、甲烷等有害气体，如果直接排放到大气中，则会危害人类健康，加剧空气污染，加剧地球温室效应，但收集利用制成沼气则将实现再利用。

（三）饲料资源短缺

长期以来，我国饲料原料主要是粮食。虽然我国粮食总产量有一定程度的增长，但增幅不大。综合各种实际情况来看，我国粮食产量的现实情况是相对下降，畜牧业发展实际上已经受到粮食产量的制约。畜牧业飞速发展导致饲料用粮量大幅上升。目前，我国的饲料用粮量约占粮食产量的 $1/3$，这种饲粮短缺的情况严重制约了畜牧业可持续发展。

（四）畜产品药物残留高

随着抗生素、化学合成药物和饲料添加剂等在畜牧业中的广泛应用，在实现降低动物死亡率、缩短动物饲养周期、促进畜产品产量增长的同时，由于操

作和使用不当以及少数养殖户在利益驱使下违规违法使用，畜产品中的兽药残留增加，使畜产品的安全问题引起社会关注。

（五）科学技术研究与推广不力

我国传统的畜牧养殖技术已经达不到现代化养殖业要求，虽然我国在畜牧养殖方面的科技研究工作一直很受重视，但是长期以来我国的科技研究成果转化率不高，一些地方政府对科研成果的转化工作没有足够重视，许多"高产、优质、高效"的畜产品生产技术的利用只停留在口头上，没有有效利用。此外，我国从事畜牧业生产的人员素质普遍偏低，使畜牧业养殖技术推广困难，阻碍了畜牧业可持续发展的进程。

三、我国家畜产业问题的对策

（一）我国畜牧业要克服"双重制约"，破解"双重挑战"，要走中国特色自主创新道路

1. 中国特色创新型畜牧业的技术路线　在生态文明时代，生态化是畜牧产业发展的必由之路。畜牧业生态化关系着整个生态系统的平衡与安全。当前，影响畜牧业稳定、和谐、持续发展的突出问题，诸如动物的疫病问题、农药与抗生素残留问题、动物福利问题、动物食品质量安全问题、动物的环境适应性与抗病力问题、生物多样性问题、草原超载过牧与退化沙化问题、土壤退化与水源污染问题、农牧林结合发展问题、气候变暖和节能减排问题等，都是因生态系统失衡导致的问题，只有通过生态化途经才能解决。

坚持生态化的技术路线，我国畜牧业才能走上资源节约、环境友好的自主创新之路；坚持生态化的技术路线，我国畜牧业才能走向人与自然和谐、可持续发展的光明大道；坚持生态化的技术路线，我国畜牧业才能摆脱疫病药残的困扰，从根本上解决畜产品的质量安全问题；坚持生态化的技术路线，才能产出绿色有机食品，进而提升我国畜产品的附加价值，破除国际贸易绿色壁垒，提高国际市场竞争力。生态化畜牧业对工业化畜牧业不是全盘否定，"生态化"也不是将"工业化"推倒重来，而是扬长避短地提升，既是对工业化畜牧业的革命，也是对工业化畜牧业的继承和发展。

2. 中国特色创新型畜牧业的组织路线　我国畜牧业要以小型规模化农户家庭经营为微观经营主体；发展现代畜牧生产型服务业，以"小型规模化农户＋现代畜牧服务体系＝农民专业合作社"为中观经营主体；以"$\sum n$ 个农民专业合作社＝产业联盟或行业协会"为宏观经营主体，实现产业链一体化运作，构建微观、中观、宏观三位一体的组织结构，形成整个产业链有分有合的

组织化。

（1）以小型规模化农户家庭经营为微观经营主体。市场供求受多种因素影响，具有不确定性，仅有宏观调控是不够的，也需要有微观调控。现代畜牧业的微观经营主体是小型规模化农户。其经营机制灵活，产量能升能降，能够动态地进行产销平衡。这种产销平衡是市场微调，动态随机地进行，市场波动小，使畜产品价格不出现大起大落。

要将小型规模化农户扶植培育成有地、有房、有畜的富裕农户，培育成有实力有活力的现代畜牧微观经营主体，培育成农民专业合作社的骨干与中坚。他们可以利用手中拥有的实物资源，对短缺的货币进行替代。饲草饲料在自家地里种植生产，基本上不用到市场上购买。鸡猪牛羊可以在自家的林地、草地、荒地里生态化放牧饲养。规模小、用工少，劳动力主要源于自家，基本不用花钱雇工。养牛养羊户采取自繁自养的方式，羔羊犊牛都是自家母畜生产的，减少了对资金的需求，减轻了对贷款的依赖，减少了发展农牧业的交易成本。通过强化农户的微观经营主体地位，使农户由贫困户变成富裕户，让他们的后代可以继承家业，让多功能、多业态的新型农牧业对农村青年一代有吸引力，既防止农民出现断层，也避免农村种养产业弱化萎缩，起到"把根留住"的作用。

（2）发展现代畜牧生产型服务业，以"小型规模化农户＋现代畜牧服务体系＝农民专业合作社"为中观经营主体。为实现畜牧业稳定持续和谐发展，重中之重是发展畜牧生产型服务业，做农户的坚强后盾和强大靠山。没有现代畜牧生产型服务体系，就无法实现社会化大生产，农民专业合作社也就失去了支撑和保障，无法发展壮大。现代畜牧业生产型服务体系应该是廉价的、低门槛的，是为农户量身定做的。通过农民专业合作社这个平台，现代畜牧业生产型服务体系人员与广大农户紧密结合。当前，除了需要发展金融、保险、信息、技术推广等服务业外，尤其要加强良种繁育、屠宰加工、销售渠道服务业的发展。

现代畜牧产业体系需要社会成员以服务体系的角色介入其中，来提供专业支撑。需要打破城乡工农之间的封闭状态，采取开放的方式，修桥铺路搭建平台，动员组织社会力量参与其中。向"三农"注入人财物等物质要素，注入知识信息等智力资源，才能形成乡村振兴的强大力量。发展农民专业合作社，第一，靠政策，如给予税收优惠等政策，能引诱城市及社会资本涌入"三农"，与农户结合建立合作社；第二，靠投入资源，要把屠宰场等加工厂资源、城市中的农贸市场等资源廉价地租给农民专业合作社使用，使农工商能够一体化运作，提高农民专业合作社在产业链中的主导地位。

（3）以"$\sum n$个农民专业合作社＝产业联盟或行业协会"为宏观经营主

体，实现产业链一体化运作。当今世界的市场竞争不是企业对企业、农户对农户、合作社对合作社之间的孤立竞争，而是产业链对产业链的竞争，需要整个产业链协调配合行动。所以，产业化必须进入更大的范围，这个范围就是整个产业链需要在产业链层面进行组织协调指挥，进行一体化运作。这个一体化不是传统工业化时代的"垂直一体化"，不是"大而全"的一体化，而是利用信息网络组建的畜牧产业联盟，实行有分有合、有实有虚的一体化。

中国特色的畜牧产业联盟是各级政府直属的事业单位，不是民间组织。其职责是对畜牧业上中下游产业链成员进行组织协调，搭平台、给角色，组建利益共同体，结成合作伙伴，采取虚拟与实体相结合的方式进行组织化整合。畜牧产业联盟将农技人员与养殖户对接，将农村金融机构与养殖户对接，将加工企业与养殖户对接，将流通渠道与合作社对接，设计接口、搭建平台。各级畜牧产业联盟为适应信息化社会的要求，实行有实有虚的组织化，实行有分有合的组织化，主动及时地对畜牧业的产供销进行组织协调，为畜牧业稳定持续发展提供支持和保证。

（二）应对国际化挑战，需要制定产业的整体竞争战略，也需要产业链成员一体化运作

畜牧产业联盟或行业协会是畜牧业的宏观经营主体，是国际化环境中不可缺少的角色。只有畜牧产业联盟才能从全局着眼制定产业发展战略，确定产业突围方向。只有畜牧产业联盟才能站在制高点上进行组织指挥，协调产业链成员统一行动，实行一体化运作。

城市中的大卖场是商业化渠道资源，农贸市场则是城乡居民购买肉蛋奶的主渠道，政府将农贸市场，廉租给农民专业合作社，使其成为农民与大卖场进行市场博弈的重要阵地。采取这种方式，可以打破城乡二元结构的界限壁垒，使城乡资源进行互补性组合，能够促进城乡要素顺畅流动，把城乡工农连接在一起。在农贸市场从业的城镇市民，只有与农民结合组成专业合作社，才能进入农贸市场开展经营活动，才能享受各项优惠政策。这样工农之间就能够结合在一起，生产要素就能在城乡之间流动，农民获得了城市销售渠道资源，有了立足之地，实现产销信息对称并精准对接，真正享受到城市化的好处。

四、我国家畜产业发展趋势

（一）提高农户对养殖业的认识

科学技术是第一生产力。在各地大量散户养殖户占相当大的比例的前提下，提高养殖户的养殖技术水平非常重要。一定要脚踏实地地学好、用好养殖

技术知识。养殖技术的普及应从两个方面努力，一方面是政府主管部门要重视养殖技术的推广和普及工作，有计划地组织不同层面的养殖技术培训和学习班；另一方面要转变养殖户的观念，只有转变养殖户传统的养殖观念，使其学习专业的养殖知识和技能，才能实现整个畜牧养殖业的科学化、规模化、集约化的产业结构转变。

（二）大力推进规模化养殖

根据各地畜牧业的发展状况，建设规范化的养殖小区或养殖场，政府部门制定畜牧业发展的扶持政策并认真执行，推进标准化规模养殖场的建设，支持规模和生态养殖模式发展。这样才能实现畜禽粪污无害化处理和资源化合理利用。加快优势畜产品的区域布局，着重利用各地有利的畜养资源，发展有竞争力的畜产品品牌。实现产量规模化、效益化并具有市场竞争力。

（三）标准化生产

提高畜产品的质量水平，就需要建立健全我国农副产品安全质量标准体系，搞好各类标准化示范养殖区和标准化养殖基地的建设，从源头上实现畜养水平的提高，使产品与国际市场接轨，具有竞争力；从原材料采购、生产设备、产品加工、检测等环节入手，建立一套科学严密的食品安全保障体系。这也是实现畜牧业持续、快速、健康发展的重要基础。

（四）加强良种体系建设

制订并推进牲畜群体遗传和畜牧品种改良计划，充分利用我国畜禽繁育项目的科研成果，重点扶持规模大、运行良好的种畜禽场的建设和改造，造就一批龙头企业，加快繁育推广优良品种；加快生产性能测定站、种站等基础设施建设；规范种畜禽场审批；建立健全种畜禽管理数据库，开展优良种畜登记工作；加强畜禽遗传资源保护与开发利用，尽快发布省级畜禽资源保护名录，严格畜禽遗传资源进出口审批；加大畜禽良种保护工作的开展力度，加大打击的执法力度。

（五）科学管理

畜牧养殖生产需要科学、严谨、规范的方法和态度。现代化的养殖企业要树立科学管理的观念，建立一整套规范有效的科学管理、标准化生产经营和疫病防控管理体系。这是推进现代畜牧业规模健康养殖的关键所在。要建立现代企业管理机制，实现现代化的畜禽养殖。

第二节 国内外家禽产业现状及分析

联合国粮食及农业组织的统计数据显示，畜牧业在二战之后发展迅速，肉蛋奶产品的增量速度显著加快。世界各大洲禽肉产量在过去 10 年均稳步增长，家禽产业发展空间巨大。

一、世界家禽产业现状及发展趋势

1980—2010 年，在欧美肉类总消费量降低的前提下禽肉消费稳定增长，这说明人们对红肉的消费正在减少，取而代之的是白肉消费。

按照猪、禽（含鸡、鸭、鹅、火鸡）、牛、羊统计，禽肉在肉类生产中的占比：日本为 57%，美国 48%，韩国 37%，欧盟 27%，而我国不到 22%。猪肉在肉类生产中的占比：日本为 31%，美国 26%，韩国 51%，欧盟 53%，我国为 65%。

在肉类结构调整方面，禽产品将会发挥重要作用，禽肉生产会有更大的增长。

在未来 40 年里，全球所需要的食物总量将是过去 400 年的需求之和。禽肉禽蛋作为廉价且优质的畜禽动物蛋白质来源，其稳定供应将成为解决全球人口食物来源的关键。如何保证饲料来源、土地资源，如何提高饲料转化率，提高养殖水平等，成了核心问题。

二、我国家禽产业发展现状、趋势及问题与解决措施

（一）我国家禽产业现状

家禽养殖在中国已有 5 000 多年的历史。自改革开放以来，我国家禽业飞速发展，家禽饲养量、禽蛋产量已连续多年保持世界第一，禽肉产量世界第二。家禽业是我国畜牧业的基础性产业，禽肉和禽蛋也是我国城乡居民蛋白质消费的主要来源。家禽业的发展对加快现代畜牧业发展，推进农业结构战略性调整，提高人民生活质量和水平，以及增加农民收入都具有十分重要的意义。

国家统计局公布的数据显示，2020 年末全国家禽存栏量 67.8 亿只，比上年末增加 2.6 亿只，增长 4.0%。2020 年全国家禽出栏量 155.7 亿只，禽肉产量 2 361 万 t，禽蛋产量 3 468 万 t。

1. 我国禽肉禽蛋产量双增长 2019 年上半年，我国禽肉产量 952 万 t，增加 50 万 t，增长 5.6%；禽蛋产量 1 516 万 t，增加 53 万 t，增长 3.6%。

2. 我国禽蛋产量集中在长江以北 从禽蛋产量的区域分布来看，我国禽

蛋产量集中在长江以北，山东、河南、河北最多，3省产量超过全国1/3。2018年，山东禽蛋产量达到447.00万t，产量位居全国第一；河南禽蛋产量达到413.61万t，河北禽蛋产量达到378.00万t，产量分别居全国第2、第3位。

3. 家禽业将继续走向规模化、产业化 到2024年我国禽蛋产量将达到3 281万t。但目前，我国家禽业产业化程度较低，整个家禽业生产加工销售体系尚不健全，从土地到餐桌的环节控制存在很多问题。

4. 我国禽蛋主要以鲜蛋消费为主 只有10%用于食品工业和生物医药，肉鸡加工主要是屠宰、分割和冷冻，深加工禽肉产品不足1%。整个产业化发展水平较低而不能有效地通过发展家禽产业带动农民增收致富。随着中国膳食消费结构进入转型期，人们对食品的需求趋向营养、卫生、新鲜、美味，分割产品、低温产品、旅游休闲产品等科技含量高的精、深加工禽产品日益受到青睐。

从产业总体发展趋势来看，规模化、产业化将是未来的趋势。根据前瞻产业研究院预测，未来几年，预计我国禽蛋产量将仍居世界第一，呈稳步增长态势，增速在0.5%~1.0%，按0.8%测算，到2024年我国禽蛋产量将达到3 281万t；禽肉产品方面，目前，我国人均禽肉消费水平仍然较低。未来，禽肉业有可能获得更高的市场份额，而大部分增长来自新兴的快餐服务和快速冷藏/加工食品等行业。到2025年，我国仅即烹禽肉产量将增至1 582万t，人均禽肉消费量将升至13.25kg。

（二）蛋鸡生产现状

1. 我国是第一鸡蛋生产大国 2009年，我国商品蛋鸡存栏量16亿只，鸡蛋产量居世界第一，达到2 600万t，占世界总产量的43%。

2. 规模化养殖程度整体不高、养殖门槛低 虽然近几年我国蛋鸡的整体规模化程度有所提高，但是千家万户的养殖模式没有从根本上改变。我国蛋鸡生产目前仍以中小型农村养殖户为主体，蛋鸡饲养规模集中在2 000~5 000只，占养殖总量80%。生产水平低、生产效率低、防疫意识淡薄、疫病多发，严重阻碍了蛋鸡业发展。

3. 疾病仍然是蛋鸡养殖业的一大难题 虽然在生物安全预防措施、免疫程序、疫苗生产等方面的研究取得了长足进步，危害严重的疫病得到了有效控制，但疾病造成的危害不容忽视。目前，我国蛋鸡场（户）普遍缺乏科学有效的防疫卫生措施，尤其是农村养殖户，盲目进入蛋鸡行业者较多，饲养密集、引种分散，而且鸡龄也不一致，导致频繁发病，交叉感染，难以控制。

4. 主要种鸡依赖进口，国产品种少 目前，我国有1 200多家蛋种鸡生产企业，基本建成了曾祖代、祖代、父母代场的各级良种繁育体系。蛋鸡生产中的良种率已达到 90% 以上，这些良种大都以进口为主。海兰、罗曼祖代蛋鸡成为蛋种鸡养殖的主体。种鸡过多依赖进口，引种成本太高，所以急需改变育种策略，培育适合我国蛋鸡生产需求、具有国际竞争力的优良品种。我国现有国产品种，如农大 3 号小型蛋鸡、京白 939、京红 1 号和京粉 1 号已经占到种鸡市场的 20%。

5. 蛋品加工相对薄弱，加工技术落后　我国虽然是世界蛋类产量最多的国家，但是蛋制品加工起步较晚，与发达国家相比差距较大，蛋品加工能力薄弱，数量少，规模小。禽蛋消费以鲜蛋为主，90% 的鸡蛋用于鲜销，10% 的用于加工。我国虽然加工企业有 1 700 多家，但绝大多数规模不大，技术研发投入明显不足，政府政策扶持力度也没有达到相应水平。我国禽蛋数量大，蛋类深加工有着广阔的市场前景，更应加大力度开发这个领域，充分发挥我国禽蛋优势，进行科学配套生产，创造更大的经济效益。

（三）水禽生产现状

1. 我国水禽产量占绝对领先地位　2007 年，我国鸭、鹅存栏量分别为 7.52 亿只和 3.03 亿只，分别占世界鸭、鹅总存栏量的 68.6% 和 88.2%。2007 年，鸭屠宰量 30 亿只，鸭肉产量 600 万 t，占世界总产量的 70%；鹅肉产量 209 万 t，占世界总产量的 93.6%；蛋鸭存栏量 3.5 亿只，鸭蛋产量 550 万 t，占世界总产量的 90%。2007 年，羽绒产量 12.5 万 t，占世界总产量的 80%。

2. 品种资源丰富　我国水禽饲养历史悠久，有许多生产性能优良的地方良种，目前已列入《国家畜禽遗传品种名录》中的水禽品种（配套系）就有 90 个，其中有 67 个水禽地方良种（鸭品种 37 个、鹅品种 30 个）。著名的鸭品种有北京鸭、绍兴鸭、金定鸭、莆田黑鸭、高邮鸭、建昌鸭，著名的鹅品种有狮头鹅、皖西白鹅、淑浦鹅、四川白鹅、豁眼鹅等。但是我国的水禽良种繁育体系不够完善。我国除广东、北京、四川有正规育成的配套系和良种繁育体系外，其他省份正规和成规模的数量还比较少，满足不了水禽业快速发展的需要。良种推广工作进展缓慢，严重影响了水禽的产业化发展。尤其是快大型肉鸭品种方面，绝大部分靠进口，主要是樱桃谷鸭。品种单一，缺少竞争，易形成垄断，不利于行业健康发展。

3. 饲养区域明显　我国水禽的主要饲养区分布在长江、黄河流域及其以南地区。据统计，山东、广东、四川、湖南、江西、浙江、广西、江苏、重庆、福建、河南、安徽 12 个省区 2008 年水禽出栏总量占全国出栏总量的 89% 左右。福建、浙江的鸭肉年产量分别约占其禽肉总产量的 78%、56%；浙江、福建、广西的鸭蛋年产量分别约占其禽蛋总产量的 67%、48%、47%。

4. 产业化程度大幅提高　各地以水禽基地为基础，以加工企业、大型超市和交易市场为龙头的产业化模式不断出现，延长了水禽生产的产业链，提高了产业化程度，国内已经出现了一批具有较强市场竞争力的大型水禽龙头企业。其中包括山东六和集团、河南华英集团、内蒙古塞飞亚集团、北京金星鸭业中心等。

5. 鸭鹅羽绒市场缺口大，产品畅销 我国具有丰富的鸭鹅羽绒资源，每年可产羽绒 9 万 t，出口量约占世界羽绒品出口量的 55%，2006 年出口贸易额达到 18.0 亿多美元。羽绒制品主要出口美国、德国、法国、英国、日本和中东等国家和地区。

6. 肥肝市场发展潜力大 目前肥肝是国际市场上很受欢迎。法国虽是肥肝生产大国和制品出口国，但每年仍需要进口鹅肥肝。国际市场上优质肥肝售价高达每千克 40 美元。目前国内星级宾馆对肥肝的消费量也逐年增长。由此可知，肥肝市场发展潜力很大。

7. 研发水平低、速度慢 目前，水禽的大量研究工作还处在初始阶段，在水禽的营养需要、疫病防治、专门化饲料及水禽专用生物制品等方面均不能满足水禽产业的发展需要，这些问题的存在都不同程度地影响着我国水禽业的发展。

（四）特禽生产现状

特禽生产已成为养禽业的重要组成部分，发展快、利润高、起伏大、种类多、广大养殖户缺乏正确认识是其基本特征。

1. 肉鸽 近年来，肉鸽养殖快速稳定发展。港澳地区、广东、上海是传统的肉鸽养殖消费区域。近年来，东南沿海省份、山东、河南发展较快，养殖量较大。目前，全国有种鸽场 700 多家，种鸽存栏量 5 000 万对，年产乳鸽 7 亿只。随着人们生活水平的提高，对乳鸽的需求量逐年增加，肉鸽业将得到平稳发展，是特禽养殖业中最具潜力的产业。鸽蛋有独特的营养、保健功能，是肉鸽养殖业新的增长点。

2. 鹌鹑 鹌鹑经过人类长期驯化和饲养已经成为一种高产家禽，并且分化为蛋用鹌鹑和肉用鹌鹑两种类型。鹌鹑以其肉、蛋产品营养丰富、风味独特、容易消化吸收和具有一定的药用价值等特点，越来越受到消费者欢迎，被营养专家誉为"动物人参"。我国目前饲养量达 3 亿只左右，占世界总饲养量的 1/4，主要以蛋用为主，鹌鹑蛋年产量达到 60 万 t 以上。隐性白羽鹌鹑、黄羽鹌鹑成功培育，建立鹌鹑自别雌雄配套系。河南省武陟县谢旗营镇、江苏徐州、河北石家庄、山东嘉祥县等地都是蛋用鹌鹑饲养比较集中的地区。我国肉用仔鹌鹑饲养历史较短，是近 10 多年发展起来的新兴肉禽养殖项目，但在华南、华东已经形成较大的消费市场。江苏全省肉用仔鹌鹑年出栏量已经超过

1 亿只，占全国饲养量的 75%。

3. 雉鸡　1986 年前后，北京、上海、广州等地从美国引进了美国七彩雉鸡，在国内试养并获得成功，并向国内其他地区推广繁殖。目前除了西藏以外，国内其他省份都有饲养。上海、浙江、江苏、广东、山东、河南、湖南等省份雉鸡饲养量较大。2008 年，湖南省安化县梅山野鸡养殖协会会员户数达 220 户，饲养总量达 40 万羽。广东既是国内雉鸡养殖大省，也是消费大省，新会、新兴、揭东等地是雉鸡养殖的集散地。随着人们生活水平的不断提高，雉鸡消费已从高档宾馆、饭店消费逐步进入家庭菜谱。山东、河南一些雉鸡养殖场对雉鸡进行笼养，专门饲养商品蛋用雉鸡，大大提高了雉鸡的年产蛋量。

4. 珍珠鸡　珍珠鸡简称珠鸡，原产于非洲几内亚，是一种生活在热带灌木丛林、草原上的野禽。非洲一些国家很早就饲养珍珠鸡，将其作为观赏禽和传统的高级佳肴。欧洲一些国家如法国、意大利喜食珍珠鸡，仅法国一年就消费 4 000 万～7 000 万只，约占家禽消费量的 1/5。目前，世界上其他国家，如俄罗斯、美国、日本等国饲养数量较多，我国是从 20 世纪 50 年代将珍珠鸡作为观赏禽类从苏联引进，到 80 年代才开始珍珠鸡的繁殖育种工作。1985 年，我国从法国伊莎种鸡公司引进嘉乐珍珠鸡，饲养情况较好，已在全国各地推广。随着人们生活水平的不断提高和珍珠鸡饲养量的增加，饲养规模不断扩大、饲养水平越来越高，珍珠鸡现已成为优良的肉用禽品种。近年来，随着我国羽毛加工业的发展，饲养珍禽进行活体拔毛，既增加了羽毛的产量，又提高了羽毛的质量。因为珍珠鸡有独特的羽毛斑纹，全国各地兴起了珍珠鸡活体拔毛饲养高潮，如河南许昌、新乡等地饲养珍珠鸡的主要目的是羽毛利用，饲养效益可观。

5. 火鸡　火鸡是一种大型肉用特禽，体重可达 20kg 以上。火鸡原产于北美洲，祖先为墨西哥野火鸡，驯化历史已有 400 多年。火鸡在世界家禽生产中具有重要地位，火鸡肉产量占世界禽肉总产量的 10% 左右。在欧美，火鸡是一种重要的肉用禽种，世界 90% 的火鸡在此饲养。2008 年，美国的火鸡肉产量为 260 万 t，占世界总产量的一半以上，美国是世界最大的火鸡生产国，其次是法国、英国、加拿大和意大利。在这些国家，火鸡是感恩节和圣诞节的重要食品。我国饲养火鸡的历史较短，20 世纪 80 年代后，我国北京、广州、福建、天津等地先后从美国、法国等地引进火鸡良种进行规模养殖，并推广到全国各地。目前，我国每年火鸡肉产量 1 600 多 t，主要在涉外宾馆、酒店消费。

6. 鹧鸪　鹧鸪又称石鸡，是由美国驯化后引进我国的珍稀特禽。鹧鸪是一种集野味、保健、观赏、狩猎于一体的珍禽种类，其由于肉质细嫩、味道鲜美、营养丰富而成为历代宫廷膳食中的珍品。美国在 20 世纪 30 年代大量驯化鹧鸪用作肉用，并培育出若干品系用于生产。10～12 周龄上市，体重 500～

600g。随着人们生活水平的不断提高，鹌鹑食品将成为人们追求的新热点。20 世纪 90 年代，我国从美国引进饲养。目前，我国鹌鹑养殖地区主要集中在珠江三角洲、北京、山东等地。我国香港年需求量 2 000 万只，每只售价 40 港元。广州、上海等地年需求量在 700 万只以上。

7. 蓝孔雀 孔雀属鸡形目、雉科、孔雀属鸟类。孔雀分为绿孔雀和蓝孔雀两种，人工养殖的主要是蓝孔雀。孔雀的人工驯养最早起源于印度，有 3 000 年的历史。后来，其被逐渐引入英国、法国等欧洲国家和亚洲其他国家。孔雀养殖成本较低，商品孔雀 8 月龄上市，体重 3～4kg；种孔雀 22 月龄产蛋，年产蛋 40 个，平均蛋重 90g。商品孔雀 80～100 元/kg，种蛋 20 元/个，种苗 30 元/只。商品孔雀每只可获利 200 元，种孔雀每只可获利 600 元。种孔雀利用期 2～3 年。孔雀还可制成标本及装饰品，在国际市场上非常受欢迎。

8. 鸵鸟 鸵鸟的羽毛轻柔美观、耐用，早在古埃及、巴比伦时代，鸵鸟羽毛的交易就已很活跃。18 世纪下叶，在羽毛高额利润的驱使下，人们猎杀野鸵鸟以获取羽毛，从而使一些地区的鸵鸟数量急剧下降。南非是驯养鸵鸟最早的国家，在 1860 年出现第 1 个鸵鸟养殖场，主要用于羽毛生产。此后鸵鸟逐渐被引入其他国家，如埃及、澳大利亚、新西兰、美国和阿根廷。我国于 1988 年开始鸵鸟人工养殖并获得成功。鸵鸟在我国表现出很强的适应性，1993—1994 年全国出现鸵鸟引种高潮，先后从南非、肯尼亚、美国引进饲养。1996 年，鸵鸟养殖已推广到全国 20 多个省份。目前，种鸵鸟存栏量为 10 万只，总数超过 30 万只。

（五）养禽业发展趋势

1. 产区分散化 从目前的趋势来看，商品鸡市场继续由经济发达的"老养殖区"向经济欠发达的"新养殖区"转移。由北方的"鸡蛋主产区"向南方的"鸡蛋主销区"转移。

2. 现代化、规模化养殖成为必然趋势 一家一户养殖方式已经不适合蛋鸡业的快速发展。近年来，蛋鸡业规模化生产水平有了明显提高，一些个体蛋鸡养殖户由于无法抵御市场风险逐渐退市。随着大量闲置资本进入养鸡业，大型现代化蛋鸡企业不断涌现。10 万只、20 万只以上的规模养殖场、品牌鸡蛋生产厂会越来越多。还有像北京德清源、大连韩伟等大型品牌鸡蛋生产基地的持续扩张会越来越明显，它们足以弥补非专业养殖场（2 000 只、3 000 只以下）退出所减少的养殖数量。蛋种鸡方面，一些大的龙头企业规模将继续扩大，如山东益生、北京华都峪口禽业。一些名不见经传的小企业不得不转行或停产。

3. 品牌建设　现在鸡蛋只能看作是一个初级农产品，而不应看作是一个商品，因为任何商品都有其商品属性。随着城镇化的发展，大城市农资市场越来越少，所以要想买鸡蛋，基本上都要去超市，包括社区小超市等。这些超市会要求生产商有一个产品标识。所以把鸡蛋初级农产品变为具有管理商品属性的带有一定品牌的产品是不可逆转的趋势。如果是长距离的运输，对蛋的质量会有一定影响，所以在品牌建设方面，对区域性的要求非常明显。

4. 健全良种推广体系，培育自主品种　我国作为世界上蛋鸡饲养大国，蛋鸡生产总体技术水平和世界先进水平相比还有一段距离。良种是蛋鸡业发展的基础，应加强优良品种的引进、培育和推广利用。各级政府应进一步加大对良种的扶持力度，严格种鸡场的评价和验收，提高种鸡质量。我国的蛋鸡养殖业要想稳定发展，能够与国外大的育种公司抗衡，培育出优良品种来，可以考虑依靠集体的力量成立禽业公司或养殖协会，规范市场运作，提高培育水平、提高养殖水平。

（六）肉鸡业发展趋势

近 30 年来，我国肉鸡业已取得了极大的成功。伴随着家禽行业的不断发展壮大，许多陈旧的生产方式亟待更新，更具前瞻性的生产管理理念将不断应用到肉鸡业中来。

1. 潜在消费者增加，消费量稳步增长　近年来，随着我国城市化进程的加快，鸡肉的人均消费量在逐年持续增长。城镇居住人口数量的增加也会带动人均鸡肉消费量的增加，鸡肉的整体消费量也必然会增加。1996—2008 年我国人均鸡肉消费量由 5kg 增加到 9kg，但远远低于发达国家人均鸡肉消费量，如美国为 43.67kg，加拿大为 32.14kg。由此看来，我国肉鸡业发展潜力巨大。

2. 实现环境控制自动化，保证鸡舍空气质量　环境控制自动化是保证肉鸡舍空气质量的重要措施。鸡舍环境控制就是通过各种方式把鸡舍内的有害物质，如氨气、硫化氢、一氧化碳和粉尘和多余湿气等排出鸡舍外，把鸡舍外的新鲜空气引进来，使鸡舍内的空气质量达到适合鸡群生长所需的标准。实际生产中往往只注重温度的控制而忽略了通风的重要性，以致鸡群的生产性能不能很好地发挥。通过风机的开启来控制舍内温度、湿度和空气质量，夏季安装湿帘降温系统，能降低舍温 5~7℃。

3. 肉鸡生产方式的改变　随着人民生活质量的提高及《中华人民共和国食品安全法》的出台，人们对食品安全越来越重视。生产健康肉食品，且获得最大的经济回报。措施有两个：一是改善饲养条件；二是使用中药或无害保健产品。随着经济的发展和资本进入畜牧业，标准棚建设越来越多，尽管投资比较大，但由于其具备各种优势使养殖成功率大大提高，经济效益较好。另外，现在大型养殖集团或放养一条龙集团都在养殖无药残鸡，一般来讲无药残鸡比普通市场鸡每千克价格高 0.2 元，保质合同鸡还会更高。所以说，养殖无药残鸡是下一步肉鸡业另一趋势。这就要求完善生物安全体系，确保鸡群健康。

4. 饲养规模化、自动化　我国肉鸡业发展应不断向现代化、规模化的目标迈进。在整个肉鸡产业中，实现人管理设备、设备养鸡的理念，提高生产效率。我国肉鸡业的劳动生产效率是欧美的 10%。如国内每人可饲养父母代种鸡 3 000～5 000 套（平养），人均养商品肉鸡很难超过 11 000 只。而使用自动化设备的欧美平均每人可饲养 35 200 套父母代，或 12 万只商品肉鸡。

5. 黄羽肉鸡集中屠宰　目前，活鸡市场已经退出了大城市的中心区域，在中小城市也因为防疫、卫生等原因逐步退出。市场空间压缩得很厉害。失去了最主要的消费客源将使活鸡销售陷入困境。黄羽肉鸡传统销售市场是活鸡市场，市场的逐步消亡对黄羽肉鸡来说是很现实和严峻的问题，而集中屠宰能很好地解决这一问题。

6. 白羽肉鸡的机遇　2020 年前后，我国基本完成工业化经济转型后，散养户会逐渐减少，规模化、集约化、垄断化的行业态势将会形成。外部环境也会有所改善，随着我国对美国输华白羽肉鸡产品反倾销和反补贴调查的深入，将在一定程度上缓解其低价禽肉对我国肉鸡市场的冲击。

7. 817 肉鸡具有中国特色　笔者认为在 5～10 年内 817 肉鸡会有很大的发展空间。如果有一批优秀的龙头企业专注、稳健、积极地带领农户养殖 817 肉鸡，则完全可以从白羽肉鸡市场中分得很大的市场和利润。前提是有专业的育种公司进行认真培育。采用"公司＋农户"模式进行推广，生产无公害肉鸡进行屠宰，学校食堂、大工厂食堂、中小城市市场、乡镇菜市场、农村红白喜事市场等非常广阔。

8. 做差异化产品　在白羽肉鸡激烈的市场竞争中，除了 817 肉鸡外，还可以养些白羽乌鸡、黑羽鸡、固始鸡、油鸡、芦花鸡等地方优良品种。

（七）水禽业发展趋势

1. 规模化、标准化养殖是水禽业的发展方向　规模化、标准化是保障家禽产品质量安全的主要手段。我国水禽饲养的中小规模户仍占相当比例，饲养方式落后，基础设施简陋，应采取有效措施，鼓励企业采用"公司＋农户""公司＋基地＋农户"的生产模式，在良种、饲料和技术上与农户紧密结合，带动小规模生产与大市场的有效对接。国家和各级政府要鼓励和扶持养殖业向规模化、专业化、标准化、现代化养殖方向发展。各地要积极探寻适合水禽规模化生产的饲养模式，并推广和应用成功的饲养模式，按照"因地制宜、政策扶持、科学引导"的原则，建立规范的养殖小区，发展适度的规模化养殖。

2. 水禽良种繁育体系建设 尽管我国水禽品种资源丰富，但缺少快大型分割肉鸭及肥肝型鹅的当家品种，水禽的育种与蛋鸡、肉鸡育种相比仍有较大差距。因此，建立和完善我国鸭的良种繁育体系是今后一段时期我国水禽业发展的重点。水禽育种以提高水禽良种生产能力、质量水平，增强市场竞争力为目标，建立与畜牧业结构调整、区域布局和不同生产方式相适应的良繁体系。以地方品种为主，在对我国现有地方品种资源进行保护的基础上，根据市场需求，有针对性地引入优秀外血，对地方良种进行遗传改良性的选育和杂交配套等开发利用工作，形成有我国自主产权的鸭鹅良种及繁育推广体系。

3. 加快实施水禽优势区域发展规划 禽主产区要以规模化、规范化养殖为重点，加快品种改良及科学饲养等技术的推广工作，提升禽产品质量。过去水禽业集中在长江以南各省份，近年来东北等地鹅业发展很快，黑龙江、吉林、辽宁、内蒙古粮食养鹅和种草养鹅，逐渐形成了北养南销的新格局，如龙江鹅业、吉发、美中鹅业在东三省已具有一定规模。蛋种鸭育种在浙江、福建（绍兴鸭、金定鸭、山麻鸭），而东北、华北各省饲料丰富、饲养成本低是发展笼养蛋鸭的理想地区，南繁北养也是拉动产业发展的动力之一。

4. 培育龙头企业和名优品牌，带动产业发展 大力发展生产、加工、销售的龙头企业，围绕水禽生产基地建立龙头企业，积极推进一体化经营，带动水禽规模养殖户的发展。当前，水禽产品中有众多的优质品牌和特色品种，如北京烤鸭和南京盐水鸭，这些品牌在国内外都有一定的知名度，市场占有率较高。因此，在今后相当长的一段时间内，培育名优品牌、发挥名优品牌的效应将是水禽产业化的重点内容。通过对现有企业进行股份制改造，同时结合兼并、转产或改制等方式，促进资本重组和资源共享，以增加企业的核心竞争力，从而带动整个产业的发展。

（八）特禽业发展趋势

1. 搞好良种繁育体系建设，科学饲养管理 目前，绝大多特禽养殖户基本上是在实践中摸索着饲养管理，技术力量非常薄弱。从品种、设备、饲料至产品加工等各个环节，尤其是饲养环节缺乏适用技术的支持，致使饲养成本增加、整个经济效益降低。不注重品种选育，种用禽和商品禽不分，商品禽留作种用，这是一个普遍现象，致使品种退化严重。不注重饲养管理和饲料配制技术利用和研究，许多特禽养殖户借用雏鸡的饲料或借用其他禽营养标准，这就阻碍了特禽生产性能的发挥，会导致生产成本的提高和营养性代谢病的发生。不注重疾病防治技术的研究和运用，降低了商品率，影响了经济效益。

2. 加快区域化建设，强化产品加工，推进特禽业产业化进程 目前，绝大多数特禽养殖场为家庭作坊式，经营分散，养殖规模小，导致了小规模生产和大市场消费之间脱节。应因地制宜，量力而行，实行适度规模经营，推进饲养同种特禽养殖户的整乡、全县等不同层次的区域化建设，使之成为特禽业产业化发展的生产基地或有条件的特禽养殖户在扩大规模的基础上发展成庄园或农场，尽可能把每一种特禽生产基地或农场建成一个产业循环网，实行产、供、销一条龙。由于特禽产品没有形成稳定的消费市场，也不是大众化的产品，所以对不同产品进行不同层次的多级开发利用，强化产品加工非常必要。使原始产品变为加工品，使粗加工品变为精加工品，向多样化、产业化、高质量、系列化、普及性推进，这必将对特禽业发展起到拉动作用，这也是龙头企业建设的重要内容。在项目开发上，要坚持高起点、高标准，在创名、优、特、新上下工夫，生产"独家产品"和"拳头产品"，逐步形成自己的特点。

3. 搞好社会化服务体系，加强行业管理 随着高产、优质、高效特禽业的不断发展及专业化程度的提高，其对社会化服务体系的依赖必然越来越大，要求也越来越高。必须强化社会化服务体系，建立与产供销一体化相适应的多层次、多渠道的服务网络。搞好社会化服务体系建设，当前的主要任务就是建立和完善以技术、资金与市场信息为主要内容的各种中介组织，包括各种运销协会、市场经纪人、信息网络服务与饲养及疾病防治技术服务等组织。

4. 搞好市场调查，调整特禽业结构 近年来，我国的特种养殖不规范，发展时起时伏，特禽产品没有形成稳定的消费市场，也不是大众化的产品，这是基本情况。一方面，不少养殖户对特禽市场缺乏科学分析，把眼光放在了供应宾馆、酒家上，忽视了带动特禽业持续稳定发展的最终市场是普通家庭这一事实。甚至许多养殖户不了解特禽市场，盲目围着"热点"转，武断地认为某种特禽市场行情好。另一方面，特养户对自身能力及其他条件缺乏科学分析。如自己是否具有养殖某种特禽的场地、饲料、水源、劳工等，周边环境、气候条件等是否适合养殖某一禽种，自身是否掌握了养殖的基本经验和具备了一定的技术水平，是否对将来会出现的问题做好了准备。

（九）当前养禽业存在的问题与解决措施

我国是世界上禽蛋禽肉生产大国。近年来，随着规模化养殖场和养殖小区的不断兴起，蛋鸡存栏量不断增加，而在养殖量不断增加的同时，一系列问题也随之出现，导致养禽业经济效益下降，甚至出现连续亏损现象，其主要原因有以下几方面：一是养殖布局不合理。近几年各地养殖小区、规模场大批建成，不按科学距离建设，隔离带距离不足，粪便无处排放，给疫病混合感染创造了条件。二是饲养者不懂专业知识。有的从社会各界聘用所谓的"技术员"来负责饲养技术，也不按国家规定的免疫程序去做，存在发生重大动物疫情的隐患。有些兽药生产企业也通过各种方式向养殖户宣传对企业有利的饲养方式，引导规模饲养户不接受国家供应的疫苗，必须买某种疫苗，严重扰乱动物疫病防控工作。

　　针对以上问题，提几点建议：一是合理规划、合理布局，按照科学距离建设隔离带，粪便做好无害化处理，不为疫病混合感染创造条件。二是聘请知名专家教授，加强对饲养者专业知识的培训，使其严格按照国家规定的免疫接种程序做好免疫接种工作，坚决杜绝发生重大动物疫情的隐患。引导规模饲养户接受国家供应的疫苗，做好动物疫病防控工作。

Chapter **第二章**
影响生长发育的主要因素

　　畜禽在生长发育过程中会受到来自体内外各种因素的影响，对这些影响因素进行分析，研究遗传因素、饲养因素、环境因素、母体因素、性别因素，从而更好地把控畜禽的生长发育，人为地为畜禽创造更适合其生活的环境，低耗多产，提高经济效益。大量实践证明，畜禽在生长发育过程中会受到许多来自体内外因素的影响，通过分析这些因素影响程度的大小，更好地把控畜禽的生长发育过程，使其生长更加健康迅速，生产的产品更好，无毒无害，对人类更加有益。现就主要影响因素概述如下。

　　一是遗传因素。不同种类的家畜都有其种类自身独特的特性，或优秀或不良。它们都不可避免地带有家族共有特性，这就是共同的遗传因素的作用，不同种类的家畜的生长和发育是受其遗传因素所控制的，虽然环境因素的影响也不容小视。不同家畜种类有其本身的发育规律。如娟姗牛的初生重比荷兰牛的要小35%，荷兰牛的初生重比其他牛约大15%，当两品种杂交时，表现为中间型遗传，一代杂种的初生重接近于两个亲本的平均值，但较多倾向于母本。所以，与母本也有一定关系，但随着年龄的增长这种影响会逐渐消失。家畜的性成熟和妊娠天数也受遗传因素影响。如欧洲牛达到性成熟比瘤牛早6～12个月。3～4月龄的文昌猪就有产生精子的能力可以配种，但巴克夏猪要到6～7月龄才有这种能力。

　　二是饲养因素。饲养因素也是很重要的因素之一，大量实验证明，合理、全价、平衡的营养才能使家畜生长发育正常，才能使它们的遗传潜能发挥出来。饲养因素包括日粮结构、营养水平、饲喂方式等。饲料供应不足、日粮结构不合理、饲喂方式不当都会影响生长发育，造成生长迟缓和性成熟延迟。

　　三是环境因素。影响家畜生长发育的环境因素有温度、湿度、光照、风速、空气组成、光线种类及海拔高度等。初生幼畜的体温调节机能不完善，环境温度过高或过低都会刺激幼畜机体，影响其生长发育，严重时会使其生长发育停滞，甚至大批量发病死亡。光照对生长发育也有很大的影响作用，光线通过视觉器官和神经系统作用到脑下垂体，从而影响其激素的分泌，主要是生长激素，调节生殖腺和生殖机能，如黑暗可以增快猪的肥育速度，增加光照可以提高鸡的产蛋量。在寒冷地区，皮下脂肪组织发育充分，脂肪增多，毛长而密，甚至还有绒毛，体重也相应增加。在炎热地区，气候较干燥，家畜的生长发育也受气候的影响，如汗腺发育充分，体表面积增加，利于汗液排出，皮毛颜色变深，蹄质变坚实致密，角变粗，体躯变小，活动增强，肥育性能较差。地势和海拔也影响生长发育，海拔高气压低，氧气不足，阻碍家畜的生长发育，体型受到影响，繁殖力降低，甚至诱发高山气候症。但是，长期在高海拔地区生长的家畜由于适应了高山环境，呼吸系统较发达，胸部突出而骨骼粗，肩胛直，血液稠。

四是母体因素。母畜体质的大小也和胎儿的生长有密切关系，母壮儿肥。一般母畜体重大的，仔畜的初生重、断奶体重、周岁体重相应的都大，呈较大的正相关。对于母体对仔畜的影响，牛、马等体型较大的家畜比猪、羊、兔体型较小的家畜明显。对于多胎家畜，产仔越多仔畜体型越小。

五是性别因素。大多数家畜雄性生长速度较雌性快，体型、体重也较雌性大。这是由于其体内分泌的性激素差异造成的，大多数雄性的性成熟也较雌性早。但是公畜精饲料需要量也较多，对饲料的好坏有明显反应，优质饲料可以使公畜发育程度更好；否则，不如母畜。在提高产肉性能时，选择公畜比母畜效益更大。只有良好的饲养才能使它们的一些优良性状充分发挥。对于肥育家畜，去势对家畜的生长发育影响也相当明显，尤其是公畜，幼年去势，第二性征不再发育，骨骼厚度发育较差，长度增加较好，头、颈、前躯没有去势前宽广粗壮。还表现为颈部相应变长，胸部和腰部缩短，骨盘变宽。体型的变化更大，两性个体差异缩小，神经敏感性和新陈代谢降低，肥育性能提高。实验证明，早去势会引起骨骼生长缓慢、肌肉疏松、脂肪沉积增加、外形丰满、肉质较嫩；相反，晚去势的家畜骨骼生长发育不会受影响，体型变化不会太大，发育良好，肌肉结实。因此，一般肉用家畜的早去势，役用家畜晚去势。

综上所述，影响家畜生长发育的因素是综合的，在实际生产中要根据具体情况进行探讨和分析，使家畜在生长发育过程中尽可能地提高生产效率。

第一节　遗传因素

遗传因素对家畜生长发育的影响是多方面的。畜牧业生产中，家畜遗传育种对提高家畜生产效率的贡献最高，占40％，饲料占20％，疫病防治占10％，饲养管理水平占20％，其他占10％（有资料调查显示，品种贡献率达到45％）。家畜育种至少可以从以下几方面影响家畜的生产效率：一是通过育种可以充分保护和开发利用畜禽品种资源；二是通过育种培育出符合市场需求的新品种和品系；三是通过育种可提高畜禽群体的良种覆盖率；四是通过育种充分利用杂种优势，提供高产、低耗的商品畜禽。

畜禽的选种育种主要包括 4 个方面，即选种、选配、品系繁育及杂交优势利用。选种是根据个体的育种值做出留种或淘汰的决定，它的作用在于有目的地改变群内特定基因的频率，使其按人类的要求方向发展。选种的效果受多因素影响。在实际选种工作中有 3 个影响因素是较直接的：一是选择性状的遗传力高低；二是留种率（即选择强度）；三是两代间的时间距离即世代间隔。

优良种畜应满足 6 个方面的要求，即本身生产性能高；体质外形好；生长发育正常；繁殖性能好；合乎品种标准；种用价值高。这 6 个方面都要进行评定，缺一不可。前 5 个方面根据种畜本身的表现就可评定，而种用价值高则是对种畜的最终要求。因为种畜的主要价值不在于其本身生产多少畜产品，而在于利用它进行繁殖能生产品质优良的后代，能对其他种群有改良作用，这就要求它不但本身表型好，而且还具有优良的遗传型，因此评定家畜的真实种用价值是"选"的主要根据。

一、影响胚胎发育的主要基因

早期胚胎发育受许多基因影响，这些基因促进或抑制早期胚胎的生长分化。在着床前胚胎中检测到很多基因参与胚胎生长发育，它们为信号转导所必需，或是编码生长因子或是生长因子受体蛋白，或促使发育异常的胚胎发生凋亡，均对胚胎早期发育起着十分重要的作用。20 世纪 90 年代以来，由于着床前胚胎作为细胞形态发生和分化模型，以及发育生物学技术的日新月异，受精至植入这一发育阶段（即着床前阶段）日益受到重视，研究早期胚胎基因表达及调控具有重要的理论和实践意义。

（一）原癌基因

癌基因分为病毒癌基因和细胞癌基因，又称原癌基因。在早期胚胎中检测到一些原癌基因的表达，它们对早期胚胎发育起重要作用。

1. c-myb 基因 c-myb 基因决定造血功能。一旦发生突变，可影响胎肝中永久造血祖代干细胞的产生或增殖，从而使胚胎死于胎肝造血期。

2. c-myc 基因 该基因定位于细胞核内，对早期卵裂过程具有十分重要的促进作用。已证实 c-myc 的表达与细胞增生率及促有丝分裂信号转导密切相关，c-myc 在小鼠卵细胞及着床前胚胎 2 细胞期、4 细胞期、桑葚胚及囊胚中均有转录表达。采用反义 c-myc 寡核苷酸探针显微注射法打入原核期合子细胞中引起胚胎发育的显著抑制，呈浓度依赖性，最大抑制作用在第 1 次卵裂，即合子到 2 细胞期。研究证实，c-myc 基因在小鼠正常胚胎发生过程中起重要作用。

3. Ras 基因 该基因家族编码为一个相对分子质量为 21 000 的蛋白质，称为 p21 Ras。在体外培养的小鼠早期胚胎中，抗 Ras 单克隆抗体能显著抑制桑葚胚至晚期囊胚的发育。用合成的 Ras 肽免疫吸附完全阻断了这一抑制作用。*C-Ras* 基因产物特异性在小鼠胚期表达，对小鼠着床前胚胎发育中起重要作用。

4. *ErbB1* 基因　该基因在小鼠早期胚胎中有表达，其单克隆抗体可显著抑制体外培养的桑葚胚至囊胚期的发育。在着床期的小鼠子宫中发现 *ErbB2* mRNA 表达，该基因通过调节子宫内膜发育为胚胎着床做准备。

（二）性别决定基因

在哺乳类动物 Y 染色体上存在编码睾丸决定因子的基因，当没有这个因子时，性腺发育成卵巢。Y 基因编码一个含 79 个氨基酸的 HMG 框，这个框与 DNA 结合，是转录因子。在性腺分化前已有雌雄异形基因表达。着床前小鼠胚胎具有性别二态性基因表达。在人类，SRY mRNA 在 1 细胞期至囊胚期有表达，精子中无表达，说明在人类胚胎发育过程中，性别特异性基因的从头转录比性腺分化还要早。

（三）生长发育、分化及凋亡调节基因

许多基因参与早期胚胎的发育分化。

1. *Pem* 基因　该基因属于含同源框基因，又称同形异位基因，可调节鼠早期胚胎由未分化状态向分化状态过渡。该基因过量表达会使体内或体外发育的胚胎不能分化。

2. *Ped* 基因　是 20 世纪 90 年代在小鼠着床前胚胎中检测到的一种重要基因，它影响着床前胚胎卵裂速度及胚胎的生存。

3. *Oct-4* 基因　在早期胚胎发育中起转录调节作用，可调节鼠胚植入前卵裂速度的快慢，以及胚胎生存发育的能力。

4. *Rex-1* 基因　其编码锌指蛋白，参与滋养层发育及精子发生，是研究内细胞团早期细胞命运的有用标志物，对于维持胚胎干细胞的未分化状态和全能性有重要作用，当其表达显著降低时，内细胞团将分化成胚层。

5. *Bcl-2* 蛋白　其参与调节细胞凋亡的发生与发展，是重要的抑制细胞凋亡的物质，它可以防止着床前胚胎过早凋亡和胚胎细胞碎片形成，保持较高的胚胎质量。*Bcl-2* 是通过抑制 cpp32（caspase3）的活化在 ICE 蛋白水解酶的上游发挥其抑制凋亡作用。

（四）生长因子

1. 表皮生长因子（EGF）　EGF 家族在哺乳动物早期胚胎发育中具有重要作用。该基因对小鼠着床前胚胎的作用因发育时期不同而不同，4 细胞期前促进卵裂，桑葚胚期以后调节分化。在小鼠 4 细胞期，胚胎就开始有 *EGF2R* mRNA 的表达，以后从 8 细胞期胚胎、桑葚胚到囊胚均持续表达。EGF 可能通过胚胎自分泌和输卵管、子宫旁分泌形式作用于胚胎自身和母体，从而在以后的胚胎发育中起重要的调节作用。

2. 胰岛素样生长因子（IGF） 早期胚胎发育既受胚胎产生的 IGF-Ⅱ的调节，又受到母体来源的胰岛素和 IGF-Ⅰ的调节。在培养的小鼠胚胎中加入胰岛素、IGF-Ⅰ、IGF-Ⅱ，结果蛋白质合成、细胞数目、发育至囊胚期的胚胎百分比均增加。运用 RT-PCR 对附植前牛胚胎进行研究，结果表明，IGF-Ⅰ、IGF-Ⅱ及其受体 IGF-ⅠR、IGF-ⅡR 均在早期胚胎中发生转录，并且其特异结合蛋白（IGF-BPs）在胚胎中的表达呈现时间上的特异性。在小鼠胚胎培养基中添加 IGF，有利于胚胎从透明带中孵出。另外，IGF-Ⅰ和 IGF-Ⅱ还可诱导内细胞团增殖。

3. 成纤维细胞生长因子（FGF） FGF 家族是一类促有丝分裂原和促进细胞生长的重要多肽因子，其成员之一 FGF8 还能增强 En 的表达。试验认为，FGF8 是诱导干细胞向 DA 前体细胞转化的关键因子。FGF 家族还在中胚层细胞定向发育为成血-血管细胞的过程中起重要作用，这对于基因治疗和造血干细胞工程等方面将具有重大作用。在早期胚胎发育中，FGF 还是担负上皮-间质相互作用的重要调控因子，离开该因子胚胎及其器官组织发育将不能进化完成。特别是 FGF10，无论在外胚层上皮还是在内皮层上皮都是重要的间质调控因子。

4. *Vax* 基因 该基因家族是一类与视觉神经系统发育密切相关的同源异型盒基因，调控前脑、眼原基、视泡、视柄及视网膜的发育，在视泡形成和视柄、视网膜分化及视网膜背腹轴确立等方面具有多重作用。*Vax-1* 与 *Vax-2* 都在视泡区域表达并影响视杯的发育。其中，*Vax-1* 决定视柄和视杯外层形成，参与色素上皮和视柄的分化；*Vax-2* 则在视杯内层表达，在眼睛发育和形成过程中、视网膜及视神经背腹轴建立方面发挥极为重要的作用。

5. 白血病抑制因子（LIF） 其为白介素 6（IL-6）家族中一员，在胚胎的生长发育和分化中扮演重要角色。用含 LIF 的培养液处理胚胎可促进胚胎发育，促进滋养层细胞的增殖和内细胞团生长，提高胚胎的存活率和质量。*LIF* 还能提高牛胚胎体外培养的存活率和绵羊的胚胎孵化率。小鼠的 *LIF* 基因缺失则胚泡不能着床，说明 *LIF* 对着床是必需的，但这种 *LIF* 缺陷的小鼠产生的胚泡比杂合鼠所产生的小，说明 *LIF* 可作为胚胎的营养因子促进胚胎发育。另外，*LIF* 还可抑制内细胞团分化。综上所述，着床前胚胎的正常发育受到严密的基因调控，这些基因共同调节早期胚胎生长发育、促进发育异常的胚胎细胞发生凋亡，但其作用机理仍在进一步研究中。胚胎早期发育及调控是目前生命科学研究的前沿，研究动物早期胚胎的基因调控，对于促进胚胎正常发育、提高胚胎生存质量有着重要意义。当代发育生物学的技术革命及其研究的不断深入，将有助于揭示胚胎早期发育的精确机制，从而为实验室大量生产胚胎提供理论依据和应用技术。

二、影响动物生长发育的某些基因

动物生长发育是一个极其复杂而精细的调控过程，其受神经、体液、遗传、营养及环境等多种因素的影响。其中，神经内分泌生长轴各因子（激素、受体、结合蛋白等）及其基因对动物的生长发育起着关键作用。正常情况下，下丘脑释放生长激素释放激素（growth hormone releasing hormone，GHRH）和生长抑素（somatostatin，SS），调节垂体生长激素（growth hormone，GH）的分泌，GH 通过与生长激素结合蛋白（growth hormone binding protein，GHBP）结合而运输，与靶器官上的生长激素受体（growth hormone receptor，GHR）结合，促使类胰岛素生长因子（insulin-like growth factors，IGFs）产生并进入血液循环，IGFs 再通过其结合蛋白（insulin-like growth factor binding protein，IGFBP）转运到全身组织细胞，促使组织细胞的生长与分化。其中，各因子的产生和分泌又受其相应的基因表达调控。整个过程调控复杂，存在着基因的转录、表达、产物的修饰及各水平的反馈调节机制。另外一种作用于中枢神经系统的脑肠肽（ghrelin，生长素）与 GHRH 和 SS 一起调节 GH 的产生和释放。此外，由脂肪细胞分泌的瘦蛋白（leptin）对机体的脂肪沉积、体重和能量代谢等也具有重要的调节作用，其可直接作用于下丘脑和垂体，对 GH 的分泌进行调节。

（一）GHRH、GHRHR 及其基因

GHRH（生长激素释放激素）及其基因：GHRH 是下丘脑合成和分泌的一种含 40～44 个氨基酸残基的单链多肽类激素，其主要功能是诱导并刺激垂体促生长区的细胞合成和释放 GH，其作用机制主要与 cAMP（环磷酸腺苷）途径及胞内钙离子的变化有关。动物试验表明，给动物静脉注射适量的GHRH 或其类似物，可以诱导动物 GH 分泌水平的提高。猪的 GHRH 基因定位在第 17 号染色体上，其外显子 3 与人、鼠和牛的同源性分别为 96%、81%和 87%，但其完整序列尚未见报道。人和奶牛的 GHRH 基因均由 5 个外显子和 4 个内含子组成（GenBank No. AL031659，AF242855，AH002712）。有人以 α-肌动蛋白启动子构建的 GHRH 表达质粒，在动物体内表达 GHRH，2 周内刺激体内 GH 释放量增加 3～4 倍，生长速度也提高 10%。

GHRHR（生长激素释放激素受体）及其基因：GHRH 的作用是通过与GHRHR 结合而实现的。GHRHR 基因的变异可引起小鼠的矮小和人的遗传

上的生长不足。在家畜中其也已被作为控制生长和胴体性变化的一个候选基因。有人将猪的 GHRHR 基因定位于第 18 号染色体上，其 mRNA 序列已有报道（No. U49435），编码区长 1 272bp，但未见完整的基因序列报道。人的 GHRHR 基因包含 13 个外显子和 12 个内含子（No. AC 005155）；奶牛的 GHRHR 基因部分外显子和内含子以及 5′端非编码区和启动子序列也有报道（No. AF 267729，AF 257661～257672）。

（二）SS、SSR 及其基因

在生长轴中，SS 主要抑制脑垂体 GH 的释放，但不抑制 GH 的合成。SS 作用机制主要与细胞内 cAMP、cGMP（环磷酸鸟苷）的变化有关。循环系统中的 IGF-I 与 GH 可促进 SS 的释放，从而导致 GH 和 IGF-I 的水平降低。用 SS 免疫中和技术和 SS 抑制剂半胱胺能够阻断 SS 的作用，可提高血液中 GH 水平，促进动物生长。人的 SS 基因被定位于第 3 号染色体上，mRNA 已有报道（No. NM 001048），并已找到一些多态性位点。猪的 SS 基因被定位于第 13 号染色体上，并有部分序列报道（No. U36385）。SS 的作用是通过与 SS 受体（SSR）结合而实现的。已发现的有 5 种 SSR 亚型（SSR1～SSR5），各亚型在不同组织中存在差异，其中在脑、胃肠道、胰腺及垂体中表达量较高。猪的 SSR2 基因编码一个由 369 个氨基酸组成的蛋白，与人类的 SSR2 有 13 个氨基酸有区别，并且猪、人及鼠的 SSR2 间有高度的保守性。鼠的 5 个 SSR 亚型垂体和其他组织中均有表达，其等位基因的变化可影响生长速度和体型大小。

（三）GH、GHR 和 GHBP 及其基因

GH 及其基因：GH 是神经内分泌生长轴中调控动物生长发育的核心。猪的 GH 是由 190 个氨基酸残基组成的单链多肽，与牛的氨基酸有 90% 的同源性，但两者与人的 GH 同源性只有 65%。在生理状态下，GH 释放呈脉冲式，具有昼夜节律。下丘脑 GHRH 与 SS 能调节 GH 的自发节律分泌。另外，GH 的分泌和释放也受到血液中 leptin 水平的调节。研究证明，注射外源 GH 能显著提高生长速度、瘦肉率和饲料转化率，产生较大的经济效益。但由于从天然垂体获得的量较少，现多采用重组猪生长激素（Pst），其结构与天然 GH 十分相似。试验结果表明，给猪连续注射（Pst），其采食量降低、增重提高、饲料转化率明显改善。猪 GH 基因已被定位于第 12 号染色体上，并进行了一些多态性研究。中国梅山猪与皮特兰猪杂交的 F₂ 代群体中，GH 基因的变异型与胴体性状间存在显著的相关。

GHR、GHBP 及其基因：GHR 遍布全身各处，但以肝含量最高。人的 GHR 由单一基因编码的 620 个氨基酸残基构成。猪和牛的 GHR 基因已被克

隆，并且猪与人 GHR cDNA 有 89% 的同源性。血液中的 GH 主要与 GHBP 结合而运输。血液中存在一种可溶性的 GHBP，其氨基酸序列与 GHR 的胞外区一致。目前已分离出小鼠和大鼠 GHBP 的 mRNA，属 GHR 基因转录的剪接产物，而人和兔的 GHBP 属 GHR 的蛋白裂解产物。一般情况下，GHBP 与循环 GH 的 40%～50% 结合，调节 GH 在各全身组织的分布及促生长作用。

（四）IGFs 家族及其基因

IGFs 家族主要有 3 种受体，即 IGF-ⅠR、IGF-ⅡR 和ⅠR（胰岛素受体），3 个配体，即 IGF-Ⅰ、IGF-Ⅱ和胰岛素，以及至少 6 个 IGF 结合蛋白（IGFBPs）。IGFs 与其他多功能生长因子一样，在胚胎、神经、骨骼肌的发育，细胞增殖与转化以及肿瘤的发生与发展中均具有重要作用。

IGFs 及其基因：IGF-Ⅰ与 IGF-Ⅱ是与胰岛素原有高度同源性的单链多肽类生长因子，主要由肝合成。IGFs 不仅具有胰岛素样的生物学作用，更重要的是在调节生长发育和物质代谢方面有显著作用。GH/IGF-Ⅰ轴主要调节动物出生后的生长，而 IGF-Ⅱ主要在胎期发挥重要作用。IGF-Ⅰ是由 70 个氨基酸组成的单链碱性多肽，在脊椎动物中高度保守。研究表明，血浆中 IGF-Ⅰ在仔猪出生时含量最高，生后 1 周开始下降；瘦肉型猪血浆中 IGF-Ⅰ含量高于脂肪型猪，断奶前高于断奶后；血浆中 IGF-Ⅰ水平与体重呈正相关；IGF-Ⅰ的浓度在不同品种猪中存在差异。一般来说，生长速度快的猪高于生长速度慢的猪。有研究人员比较了 3 个品种（长白、杜洛克、梅山猪）150 日龄的发育特点发现，品种间血清 IGF-Ⅰ水平无差异，GHR 基因表达、IGF-Ⅰ转录在肝中也无差异，但梅山猪 IGF-ⅠmRNA 表达最低。提示 IGF 对肌肉生长的调节可能是通过 IGF 的旁分泌或自分泌而实现的。目前，通过候选基因法研究发现，猪 IGF-Ⅰ基因对生长速度和胴体组成有主效作用。有人用 6 头公猪与 18 头无相关母猪的杂交群体分析了与 GH 基因和 IGF-Ⅰ基因位点连锁的染色体区域对几个生长性状和胴体性状变异的影响。结果发现，在一个公猪家系中 IGF-Ⅰ基因型与断奶后日增重存在连锁。

IGF-ⅠR 及其基因：IGF-ⅠR 是由两个 α 亚基和两个 β 亚基构成的四聚体蛋白质。α 亚基位于细胞外，连接 3 个不同的配体（IGF-Ⅰ、IGF-Ⅱ和胰岛素），跨膜的 β 亚基是酪氨酸激酶活性的催化位点。IGF-ⅠR 与其配体结合后，对正常组织的发育和生长起到较重要的作用，而且还可能是调节哺乳动物生命周期的中心。

IGFBPs 及其基因：IGFBPs 主要由肝合成。目前发现的 IGFBPs 有 6 种（IGFBP1～6），并有种属特异性，在同一动物的不同生长阶段也存在明显差异。循环中的 IGFBPs 有两种功能，一是血液中的绝大多数 IGF 与 IGFBP3 结合形成三聚复合物，其不能穿过毛细血管内皮，从而为机体提供长期而相对稳定的 IGF 来源；二是 IGF-IGFBPs 二聚复合物可通过毛细血管内皮，从而将 IGF 转运至靶组织，通过第二信使发挥 IGF 的促合成代谢作用。IGF-I 水平与动物生产性能密切相关，而 IGFBPs 可调节 IGF 的活性，因此通过 IGFBPs 来调控 IGF 活性，可以实现对畜禽生长发育的调控。这可能是今后畜禽生长调控研究的方向之一。

（五）生长素（ghrelin）及其受体和基因

生长素是作用于中枢神经系统的含有 28 个氨基酸残基的脑肠肽，其结构在不同种属动物中稍有不同，人和鼠的同源性为 89%。生长素与位于下丘脑的受体结合后产生一系列的生物学效应，其刺激垂体前叶释放 GH，调节机体生长发育；调节能量平衡，调节胃酸、胰腺分泌等。

（六）leptin、leptin 受体（LEPR）及其基因

leptin 是由脂肪和肝合成的一种多肽类激素，主要作用是调节脂肪的合成，减少采食量和增加能量消耗。研究证实，leptin 除了作用于下丘脑，还在生殖、神经内分泌、免疫作用、凝血、肾功能等方面发挥调节作用。编码 leptin 的基因由 3 个外显子与 2 个内含子组成，其 cDNA 长约 2.9kb，有较长的 3′非翻译区。基因的突变导致小鼠（ob/ob）体内缺失 leptin，从而导致过度肥胖。猪的编码 leptin 基因定位于第 18 号染色体上。对猪的 ob 基因的克隆与序列分析表明，ob 基因在不同物种之间具有很强的保守性，猪与人和鼠的编码区核苷酸序列的同源性分别为 88.5% 和 84.7%。对约克夏、长白猪和杜洛克猪进行了 ob 基因多态性和生产性状的相关分析，结果表明，猪群中的多态性频率较低或缺少，其中两个位点（A2845T 和 T3469C）在长白猪中与采食量和生长速度有一定的相关。因此，对 ob 基因的进一步研究可能对猪的脂肪蓄积的基因效应及大规模改良猪种的瘦肉率有重要意义。

三、畜禽品种与选育

"种群"是种用群体的简称，它是一个范围不定的泛称，小可以指一个畜群或品系，大可以指一个品种或种属。在我国当前家畜育种中，更多的指的是品种。

（一）种群选配

在组织家畜进行交配中，是使用相同品系或品种的个体相配，还是使用不同品系或品种的个体相配，其结果是大不相同的。因此，为了更好地开展育种

工作，除了应根据相配个体的品质对比、亲缘关系和亲和力等的不同，来妥善地进行个体选配外，还必须切实掌握相配个体所隶属的品系或品种等种群特性和配合力等的不同，来合理而巧妙地进行种群选配。只有这样，才能更好地组合后代的遗传基础，塑造出更符合人们理想要求的个体或畜群，或充分利用其杂种优势。关于种群选配这部分内容，国外有的归于"交配制度"，有的称为"繁育方法"或"育种方法"。比如，有人认为"所谓繁育方法应当把它理解为反映家畜品种和种间相互关系的育种工作方式"，并且认为"根据此种观点，可以把繁育方法区分为两个基本的类型：纯种繁育和各种形式的杂交。"这些提法都有其不够确切之处。因为"交配制度"这一概念易与生产上的繁殖技术相混淆，而"繁育方法"或"育种方法"的含义很广。如果仅把"反映家畜品种或种间相互关系的育种工作方式"理解为育种方法，而把育种工作中的其他如育种措施等排斥于育种方法以外，显然也是不恰当的。为避免混乱，笔者认为有必要把这部分内容概括地称为"种群选配"，这样似乎较"交配制度"或"繁育方法"都更准确一些。

（二）纯繁的概念和作用

种群选配可分为纯种繁育与杂交繁育两大类。"纯繁"是纯种繁育的简称，是指在本种群范围内，通过选种选配、品种繁育、改善培育条件等措施，提高种群性能的一种方法。其基本任务是，保持和发展一个种群的优良特性，增加种群内优良个体的比例，克服该种群的某些缺点，达到保持种群纯度和提高整个种群质量的目的。"纯种繁育"与"本品种选育"都是在同一种群范围内进行繁殖和选育，但其仍有一定区别，即所针对的种群不同。纯种繁育一般是指培育程度较高的优良种群和新品种，其目的是获得纯种；而本品种选育则是专门对某一个品种的选育提高且并不强调保纯，有时甚至可采用某种程度的小规模杂交。

畜牧学上的所谓"纯种"是指家畜本身及其祖先都属同一种群，而且都具有该种群所特有的形态特征和生产性能。级进到 4 代以上的高血杂种，只要特征性和改良种群基本相同，也可当作纯种看待，可正式归属于该改良种群的范围。纯种繁育作为一种育种手段来使用，要比杂交繁育早得多。最初可能是由于地理条件的隔离而被迫使用，后来则是为了保持优良种群的遗传纯度和稳定性，而有意识地采用，如古代阿拉伯马的繁育。纯种繁育具有以下两个作用：一是可巩固遗传性，使种群固有的优良品质得以长期保持，并迅速增加同类型优良个体的数量；二是提高现有品质，使种群水平不断稳步上升。

（三）变异

变异是选择有效的前提，纯种繁育的基础就在于种群内存在差异。对于任何一个品种而言，纯都是相对的。没有一个品种的基因型会达到绝对的一致，尤其是比较高产的品种，受人工选择的影响较大，性状的变异范围更广。这种彼此有差异的个体间交配，后代中就会出现多种多样的变异，为选择提供丰富的素材，从而也就为种群的不断发展提高提供了保证。纯种繁育一般是在一个种群的生产性能基本上能满足国民经济需要，不需要做重大方向性改变时使用。在这种情况下，虽然控制优良性状的基因在该群体中有较高的频率，但还是需要经常性地开展选育工作；否则，由于遗传漂变、突变、自然选择等作用，优良基因的频率就会降低，甚至消失，种群就会退化。再则，任何一个良种都不可能十全十美，为了保持和发展其优良性能，要克服个别缺点。

四、选种和选配技术在畜禽育种中的运用

选种和选配技术是家畜禽育种工作的重要手段。对不同的育种目标、育种方式和育种阶段，选种和选配技术在运用方法上有所不同。

（一）选种

选种就是选优去劣，不断提高畜群优良性状有效基因的频率和降低不良性状基因的频率，从而不断提高畜群的质量。选种的方法有以下几种：

1. 个体选择 个体选择是根据家畜个体的性状表型值进行比较和选种的，如肉畜的生长速度、体长、大腿比例、眼肌面积、肉的品质，乳用畜的乳脂率，家禽的蛋重，毛用家畜的产毛量、毛长等。这些性状基本属于中、上遗传力的性状，采用个体选择法，大都有明显的效果。因为，一个育种群体如完全处于同样饲养、管理条件下，凡遗传力较高的性状，其表型值在个体之间所表现的差异在很大程度上是由遗传因素所造成的。个体性状表型值凡超过群体性状平均表型值者，即为生产性能较好的个体，可以选留；凡低于群体性状平均表型值者，一律淘汰。经过几代去劣留优选择，就会获得一定的选种效果。

2. 家系选择 畜禽的某些性状，如产仔数、泌乳力和产蛋量等都属低遗传力的性状。这些性状受环境影响较大，如用个体选择法效果不理想，若采用家系选择法，则会获得良好的效果。例如，对鸡产蛋量的选择，采用家系选择法最有效。其方法是，选一定数量的优良公鸡，各配 10~12 只优良母鸡，待其后代产蛋时，测定每只公鸡后代的产蛋性能，求其产蛋平均值，再与各公鸡后代产蛋平均值进行比较，即可选出优胜公鸡的家系，从优胜家系中选留种

鸡。家系选择法可以继代进行，经几代后，产蛋量就会显著提高。家系选择之所以有效，是因为家系后代之间属半同胞关系，遗传上基本相似，可使个体间环境偏差在平均值中相互抵消，结果增强了基因选择基础。

在猪的育种中，由于产仔数这一繁殖性状的遗传力也很低，而每窝产仔数较多，可把每窝视为一个家系，采用窝选法，或称家系内选择法。此法比个体选择法效果要好得多。用家系选择时，也可同时参考系谱，以了解祖代的生产性能表现，也有助于了解当代畜群生产性能的信息来源情况。

3. 顺序选择法　当育种进行到一定阶段，尚有些性状不能达到要求时，而且这些性状存在较强的遗传相关，这时可采用顺序选择法。顺序选择法是先重点选择某一个性状，带动另一性状同时得到改进；当这些性状达到要求时，再重点选择另一性状，同时又带动另一性状得到改善。若性状间没有遗传相关联系，采用这种方法选种则会延长育种的时间。

4. 独立淘汰法　即同时对几个性状进行选择，而且对每个性状都规定选种指标。当每头家畜所有被选性状都达到标准要求时，就选留下来，如果其中某一性状不够标准时，就淘汰。这种方法的严重缺点是往往会把大部分性状都已达到要求而只有一个次要性状不够理想的个体淘汰掉。

5. 综合选择法　即综合指数选种法，其优点是对每个有关性状按其经济重要性和遗传因素给以不同的加权系数，最后综合成一个选种指数，用这种指数选种易取得良好效果。例如，奶牛的选种指数，在重点选择乳脂率的同时，也兼顾产奶量和外貌的选择。

（二）选配

选配与随机交配有所区别。随机交配必须在育种群的生产性能基本达到一定水平时才可采用。其优点是可使畜群优良性状基因都有同等机会自由组合，以达到群体生产性能在继代选育中都能平衡地得到提高；而且可使每代近交增量随机集中不分散，有利于防止过度近交的危害。选配是有意识地组合交配对象，是有计划的配种手段。在家畜育种中，随育种阶段和育种目的不同，并不总是采用随机交配法，而是常常采用计划选配方法，特别是在育种初期，畜群生产性能还不太一致的情况下，采用计划选配更为有利。计划选配有以下几种方法：

1. 表型选配和基因型选配　表型选配是按公、母畜个体外貌，外形特征和性状表型值的高低决定选配的取舍。这种方法简单易行，但只凭数量性状表型值选配不易克服由环境所造成的偏差。基因型选配除了考查公、母个体本身的表现外，还要考查其祖代、父母代、同胞、半同胞和后代的表现，既兼顾遗传因素，还可通过系谱鉴定及后裔测定，发现一些不良隐性基因，便于及时排除有害隐性基因的携带者。

2. 同质选配和异质选配　在表型选配中，常采取优配优、优配劣的选配方法，以便达到优者更优和以优克劣的目的，这就是同质选配和异质选配方法。通常，在畜群生产性能和体型外貌非常不一致的情况下采用异质选配，而在畜群各方面都已达到基本相似的情况下采用同质选配。有时，在上述两种情况下，也可同时兼用异质选配和同质选配两种方法。如果在家畜育种中，具有独特的育种目标或建立某个专门化品系，就可完全采用同质选配，以便加快专门化畜群的形成。例如，长白肉用型猪就是采用体长和薄膘的同质选配而逐渐育成的（配合其他育种措施）。

3. 亲缘选配　亲缘选配有嫡亲、近亲、中亲和远亲交配之分。父女之间、母子之间、同胞之间、祖父母和和孙子女都属嫡亲范围。姑叔和侄子女之间、堂兄妹之间都属近亲范围。亲属关系比以上较远者为中亲关系，更远者为远亲关系。根据育种的目的和要求，采用不同亲缘程度的选配。为了加快固定某个优良性状，可采用少量嫡亲和一定的近亲交配，但不能连续使用，以防近亲过多的危害。至于中亲和远亲的选配，都可在育种畜群的固定阶段及建系阶段有控制地加以运用。

五、选种选配技术在奶牛生产中的应用

（一）国外优良奶牛品种

1. 荷斯坦牛　纯乳用品种，原产于荷兰，由于其出色的生产性能和良好的适应性目前已遍布全世界，是全世界奶牛饲养量占绝对优势的品种，以产奶量高为突出特点，以色列荷斯坦牛的平均胎次产奶量已超过 10 000kg。中国荷斯坦牛也属于这一品种。

2. 娟姗牛　纯乳用品种，原产于英国，在全世界分布广泛，平均胎次产奶量 3 000～4 000kg，乳脂率高，平均为 5.3%，适于热带地区饲养。

3. 更赛牛　纯乳用品种，原产于英国，分布于世界许多地区，平均胎次产奶量 3 500～4 000kg，乳脂率 4.4%～4.9%。

4. 西门塔尔牛　世界最著名的乳肉兼用品种，原产于瑞士，在全世界广泛分布，产奶性能高，平均年产奶量 4 070kg，乳脂率 3.9%，产肉性能也十分突出，是我国目前黄牛改良中的首选父本。

（二）我国奶牛优良品种

1. 中国荷斯坦　由国外引进的荷斯坦牛纯繁后代及与中国黄牛级进杂交选育后代共同形成的我国唯一的乳用品种牛，适于舍饲饲养，分布于全国各

地，305d 平均产奶量 6 359kg，乳脂率 3.56％。

2. 三河牛　由以西门塔尔牛为主的多品种杂交选育而成的乳肉兼用品种牛，适于高寒地区放牧＋补饲饲养，主要分布于内蒙古的呼伦贝尔市，305d 平均产奶量 2 868kg，乳脂率 4.17％。

3. 中国草原红牛　由短角牛与蒙古牛级进杂交培育而成的乳肉兼用品种牛，适于草原地区放牧＋补饲饲养，主要分布于吉林的白城、内蒙古的赤峰、西林格勒南部及河北的张家口等地区，挤奶期为 220d，平均产奶量为 1 662kg，乳脂率 4.02％。

4. 新疆褐牛　由瑞士褐牛与哈萨克牛杂交，在新疆育成的乳肉兼用品种牛，主要分布于伊犁、塔城等地区，舍饲条件下年平均产奶量 2 000kg 左右，乳脂率 4.4％。

5. 科尔沁牛　由西门塔尔牛、蒙古牛、三河牛杂交培育而成的乳肉兼用品种牛，适于草原地区放牧＋补饲饲养，主要分布于内蒙古通辽市的科尔沁草原地区，一般饲养条件下，胎次平均产奶量 1 256kg，乳脂率 4.17％。

（三）奶牛选种选配技术

在我国奶业由传统奶业向现代奶业转变的过程中，搞好奶牛场选种选配是不断提高奶牛场经济效益的基础工作。有资料报道，随着人工授精技术的广泛应用，种公牛对奶牛生产性能遗传改良的贡献可达到总遗传进展的 75％～95％，因此选择优秀种公牛冷冻精液和适合的选配对牛群改良至关重要。

1. 选种　奶牛场选用种公牛的好坏直接关系着 3 年以后该牛场中母牛的产奶能力高低及生产效益的好坏。合理科学地选择种公牛对一个奶牛场而言至关重要。目前，我国各地种公牛站所饲养的种公牛来源主要有 4 种：从国外直接进口青年公牛或胚胎在国内培养进而选育种公牛；引进国外验证的优秀种公牛的冷冻精液，再选择国内的优秀种子母牛进行交配，选育种公牛；利用国内后裔测定成绩优秀的种公牛选配优秀种子母牛，从而选育种公牛；直接进口国外验证的优秀种公牛。选择公牛的方法有两种，即根据后裔测定结果选择验证公牛和通过系谱选择青年公牛。

（1）验证公牛的选择。后裔测定是国际上迄今选择优秀公牛最可靠的方法。北京市乳用种公牛后裔测定中评价种公牛的主要性状为：产奶量、乳脂量、乳脂率、乳蛋白量、乳蛋白率及体型外貌整体评分。衡量种公牛优劣的主要指标是 PTA 值，即预测传递力（predicted transmitting ability），它反映了公牛能传递给女儿的遗传优势值。在评定中，产奶性状和整体评分的 PTA 值越高越理想。

①公牛的三代系谱。系谱记载了公牛的血统来源、牛号、名字、出生日期、生长发育情况、生产性能和鉴定成绩等。系谱的选择主要是为了避免近交。

②PTA 值。PTA 值是选择公牛的主要指标，包括产奶量预测传递力（PTAM）、乳脂量预测传递力（PTAF）、乳脂率预测传递力（PTAF/100）、乳蛋白量预测传递力（PTAP）、乳蛋白率预测传递力（PTAP/100）和体型整体评分预测传递力（PTAT）。TPI（总性能指数）是将上述生产性状的 PTA 值根据相对经济重要性加权构成的一个综合育种指数，公牛的选择通常按 TPI 值的大小顺序排列。一般来说，作为一个可以信赖的估计育种值，其可靠性至少要达到 75%。

③公牛后裔柱形图。柱形图是以鉴定员鉴定公牛女儿的体型性状为基础，然后将各体型性状的 PTA 值进行标准化后的数据，以图形形式直观表示公牛对各个性状的改良能力。它是以性状平均数为轴，以标准差为单位绘制而成。通常，99% 的标准化的传递力（STA）数值在 −3 和 +3 之间。如果一头公牛某个性状的 STA 值等于 0，则说明该公牛该性状处于群体的平均水平。但 STA 的极端取值只表明公牛性状与群体均值差异很大，并不表明性状一定理想或不理想，两者之间没有此类确切关系。对某些性状，如悬韧带，以极端正值为好，极端负值为差；另外一些性状，如后肢侧望，则以适中的 STA 值为理想，极端正值和负值都不好。柱形图可明确显示该公牛女儿的各部位性状，从而选择公牛的优秀性状，避免公母牛的缺陷重合。

④避免近交。避免近交是选择公牛最基本的要求。由于近交会使隐性有害基因纯合，使有害性状表现出来（主要有繁殖力减退、死胎、畸形多、生活力下降、适应性差、体质差、生长慢和生产力降低），因此一般奶牛场应该控制近交系数不能超过 4%。近交系数的计算方法如下：

$$F_x = \sum \left[(1/2)N(1+F_A) \right]$$

式中，F_x 为个体 X 的近交系数；N 为通过共同祖先把父母联系起来的通径链上的所有个体数；F_A 为共同祖先本身的近交系数。

如果共同祖先本身不是近交个体，则公式简化为：

$$F_x = \sum \left[(1/2)N \right]$$

⑤公牛的遗传评定。注重种公牛的遗传评定方法和结果。目前，全国各地公牛站对公牛的测定方法和结果各不相同，比较的遗传基础也不一样。选用种公牛时应注意区别。目前，北京市的奶牛遗传评定工作一直居全国领先地位。北京市以国营奶牛场所属的 3 万多头奶牛为依托，广泛开展生产性能测定（DHI），保证基础数据可靠。1995 年，北京市在国内率先应用"动物模型

BLUP"法进行种公牛育种值的估计，并且以"公牛概要"的形式每年公布1次，从2000年开始，为了更加及时准确地反映北京市公牛遗传进展情况，每年公布2次后裔测定结果。2006年1月，北京市在国内首次统计了公牛的受胎率、产犊难易及犊牛初生重性状，供奶牛场选种选配参考。高产奶牛具有高的经济效益，因为高产奶牛每千克牛奶所需的饲料量比低产奶牛少。例如，北京著名的验证种公牛94107的产奶量PTAM+2 051kg。它的遗传基础是北京市1979—2001年间产奶成绩记录的最小二乘群体平均值6 987kg，即该公牛在一个平均产量为6 987kg的牛群中使用，其女儿可有2 051kg的遗传改进量，即达到6 987+2 051=9 038kg。与同期的其他公牛女儿相比较，94107的女儿每胎有望多产奶1 000～1 500kg。目前，北京三元绿荷奶牛养殖中心经过多年的选育，成年母牛全群年平均单产量已达8 800kg以上，代表了国内的最先进水平。

（2）待测青年公牛的选择。仔细查看公牛的系谱，了解公牛的血统（父亲、外祖父和外曾祖父），计算系谱指数。

系谱指数 ＝1/2父亲育种值＋1/4外祖父育种值（父亲育种值的可靠性必须达到85％以上）

个体生长发育与健康。公牛个体生长发育正常，12月龄体重350kg以上。体质健壮，外貌结构匀称，无明显缺陷。成年种公牛的体型要求体高达到155～165cm，体斜长180～190cm，胸围230～240cm，管围20～24cm，体重1 000～1 200kg。凡四肢不够强壮结实、肢势不正、背线不平、颈线薄、胸狭、腹大而下垂、尖斜尻、生殖器官畸形和睾丸大小不一等均不符合种用。经检疫无任何疾病。

查看公牛母牛的一胎305d产奶量、脂肪、蛋白质、乳房指数和母牛综合效益指数。

如果有条件的话，应了解公牛的半同胞姐妹的产奶量等生产性能。

（3）进口验证公牛冷冻精液的使用。目前，随着奶牛业快速发展，奶牛场可以选择的进口冻精也越来越多。其中，大多数是从美国和加拿大进口的验证公牛冷冻精液。全世界每年后裔测定公牛5 000头左右。其中，美国1 500头，加拿大500头。在奶业发达国家，如北美和欧洲的乳用种公牛约在6月龄进入人工授精中心（种公牛站），并在11月龄时采集第1次精液，在14月龄时至少要能产2 000份精液，这些精液将作为后裔测定用，使用这些精液至少能繁殖100头以上具有泌乳能力的子代母牛（即公牛女儿）。4年多以后，公牛才完成后裔测定。当公牛的后裔测定结果出来后，95％左右的公牛被淘汰。因此，进口冷冻精液100％是经过后裔测定的，选择强度高，遗传水平高。有经济条件的奶牛场可以适当地选用进口冷冻精液，有助于加快奶牛场的遗传改良速度。

（4）性控精液。性控精液是通过精液分离技术分离出人们可以自由控制性别的单性精液，就奶牛来说，就是以雌性为主的精液。目前，性别控制雌性牛平均准确率 90%，人工授精母牛情期受胎率 45%，精子数是每支 0.25mL 细管 200 万个。因此，与常规精液的输精不同之处在于：常规精液，输精部位在子宫颈内口即可，精子可以向双侧子宫角移动；性控精液，最好将其输在卵泡发育侧的子宫角，以提高精子密度，有助于提高受胎率。由于奶牛场的经济效益以出售牛奶为主，产下的公犊没有饲养价值，性控精液可以极大地提高母犊比例，避免资源浪费，迅速扩大种群。因此，性控精液在我国有较好的发展前景。

（5）验证公牛和待测青年牛的使用比例。在奶业发达国家，验证公牛的使用比例一般可以达到 60%～70%，待测青年公牛占 30%～40%。而我国奶牛场使用的验证公牛的比例非常低。随着最近几年奶牛养殖业的大发展，人们越来越重视种公牛的后裔测定，逐渐加大了后裔测定成绩优异的种公牛的使用比例和范围，以加快奶牛群体遗传改良速度。

（6）种公牛站的选择。目前，全国有 70 多家种公牛站。奶牛场应该选择有农业农村部颁发"冷冻精液生产经营许可证"的单位去购买奶牛冷冻精液。国内最大的种公牛站主要有北京奶牛中心种公牛站、黑龙江种公牛站等。

2. 选配　选配是在奶牛群鉴定的基础上进行的，有计划地让具有优良遗传特性的公母牛交配，得到能产生较大遗传改进的理想后代。

（1）分析牛群情况，确定育种目标。在确定选配方案前，首先对本场牛群进行调查分析，包括本场牛群的血统系谱图、使用过历史公牛（在群牛的父亲）、胎次产奶量、乳脂率、乳蛋白率和体型外貌的主要优缺点等。确定本场最近几年的育种目标，应结合本牛群母牛的生产性能及体型外貌情况，以改良两三个性状为主，才能获得较理想的改良效果。目前，我国多数奶牛场的育种目标主要以产奶量和乳蛋白率为主，兼顾外貌中乳房结构、肢蹄和体躯结构等性状。

（2）选配原则。根据育种目标，为提高优良特性和改进不良性状而进行选配；应考虑牛只的个体亲和力和种群的配合力进行选配；公牛的生产性能与外貌等级（遗传素质）应高于与配母牛等级；优秀公母牛采用同质选配，品质较差的母牛采用异质选配。但是一定要避免相同缺陷或不同缺陷的交配组合；一般牛群应将近交系数控制在 4% 以下。

（3）选配的方法。根据母牛基本体型和生产水平，选择与配公牛；根据母牛乳房、肢蹄等表现最差的外貌缺陷，选择具有相对优点的公牛；其他性状表现，选择最具相对优点的种公牛。同质选配，具有相同优良性状的公母牛间选配，目的是巩固优秀性状；异质选配，矫正不良性状，多用于生产群；亲缘选配，控制近交系数≤4%，避免近交衰退。

（4）选种选配应注意的问题。国内各地种公牛站饲养的种公牛大多数都是引进国外的验证公牛冷冻精液和冷冻胚胎培育的。尤其以美国和加拿大血统居多，许多公牛相互之间都有血缘关系。通过选择不同公牛站避免近交是不可能的，笔者2005年分析了上海和北京2个公牛站的在群种公牛，血缘关系相近的公牛占98%。尤其是世界著名公牛"黑星"和"空中之星"的后代多。因此，一定要做好本牛场的育种资料记录工作，了解所选公牛的血统，避免近交，从而避免后代个体的生产性能下降。

在选配时，若母牛的缺陷较多，选择改良首选主要性状，若一次改良多个缺陷，会降低选择差，使遗传改良速度降低，达不到牛群的预期改良目标。

制订群体选配计划时，应注意待测青年公牛和验证公牛的使用比例，青年公牛精液由于没有经过后裔测定，所以价格相对较低，它的后代在各方面的表现还是未知的，在大群中大面积使用还是有一定风险的。而有后裔测定成绩的种公牛，虽然冷冻精液的价格高，但它是经过后裔测定的，其女儿在各方面遗传效果都是良好、稳定的，大面积使用比较稳妥，所以奶牛场做选配计划时建议待测青年公牛占40%，而有后测成绩的验证种公牛占60%。优良品种作为奶牛生产的物质基础对奶牛生产的影响占40%。对奶牛场来说，优良品质在很大程度上依赖于种公牛冷冻精液的选择。经济效益是奶牛场的核心，牛场应根据自己的实际情况考虑牛群的育种改良目标，最终选择理想的种公牛，获得优秀的后代母牛。只有通过恰当的选种选配，加强饲养管理、繁殖管理、疾病防治等，才能培育出高产、优质、健康和使用年限长的牛群。

（四）奶牛外貌鉴定与生产性能测定

1. 奶牛外貌鉴定 牛的外貌鉴定传统上采用3种方法，即观察鉴定、测量鉴定和外貌评分鉴定。其中以观察鉴定应用最广。后2种是辅助性鉴定的方法。在种畜场鉴别家畜时，三者常结合进行，以弥补观察鉴定的不足。近年来，一些奶业发达国家在奶牛外貌评分鉴定基础上采取线性鉴定方法，以代替过去沿用的记述式鉴定法，使结果更为可靠，现将各种方法介绍如下。

（1）观察鉴定。用肉眼观察牛的外形及品种特征。同时，辅以手的触摸以初步判断牛的品质好坏和生产能力的高低。例如，富有经验的鉴定员通过肉眼观察及手的触摸，根据牛体大小、体躯各部的发育程度，判断出肉及脂肪的产量和品质。肉眼判断的产肉量与实际相比相差不大，脂肪产量相差也不过1kg左右。

进行观察鉴定时，应使被鉴定的牛自然地站在宽广而平坦的场地上。鉴定员站在距离被鉴定牛5～8m的地方。首先进行一般观察，对整个牛体环视一周，以便对牛体形成一个总体的印象并了解牛体各部位发育是否匀称。然后站在牛的前面、侧面和后面分别进行观察。从前面可观察牛头部的结构、胸和背腰的宽度、肋骨的扩张程度和前肢的姿势等；从侧面观察胸部的深度，整个体型，肩及尻的倾斜度，颈、背、腰、尻等部的长度，乳房的发育情况以及各部位是否匀称；从后面观察体躯的容积和尻部发育情况。肉眼观察完毕，再用手触摸，了解皮肤、皮下组织、肌肉、骨骼、毛、角和乳房等的情况。最后让牛自由行走，观察四肢的动作、姿势和步样。

观察鉴定简单易行，但鉴定人员必须具有丰富的经验才能得出比较正确的结果。对于初次担任鉴定的工作人员，除了观察鉴定外，还须辅以其他的鉴定方法。

（2）测量鉴定。

①活重测量。一般采用的测量方法有以下几种：

a. 实测法。也称作称重法，即应用平台式地磅，令牛站在上面，进行实测，这种方法最准确。对犊牛的初生重，尤其应采取实测法，以求准确，一般可在小平台秤上，围以木栏，将犊牛赶入其中，称其重量。犊牛应每月称重1次，育成牛每3个月称重1次，成年牛则在放牧期前、后和第1、第3、第5胎产后30～50d各测1次活重。每次称重时，除了泌乳牛都应在喂饮之前进行，泌乳牛则应在挤奶之后进行。为了尽量减少误差，应在同一时间连续称重2d，取其平均值。

b. 估测法。这一方法在没有地磅时用。体重估算的方法很多，但都是根据活重与体重的关系计算出来的。由于牛的品种和用途不同，其外形结构也各有差异。因此，某一估重公式可能适合于甲品种，但不一定适合于乙品种，甚至估测结果与实测活重相差很大，根本不能用。由此可见，在实际工作中，不论采用哪个估重公式，都应该事先进行校正，有时对公式中的常数（系数）也要做必要的修正，以求其准确。现将常用的估重公式介绍如下：

凯透罗氏估重公式：体重＝胸围^2×体直长×87.5。此公式可用于乳用牛和乳肉兼用牛。

约翰逊估重公式：体重＝胸围^2×体斜长/10 800。此法以往多用于黄牛，经验证明，此公式所估测的体重与实测活重差异较大，故不适用。

校正的约翰逊估重公式：体重＝胸围^2×体斜长/11 420。多次应用此公式估测黄牛（秦川牛）活重的结果，与实重相差均在5%以下。

肉牛估重公式：体重＝胸围×体直长×100。此公式适用于肉牛和乳肉兼用牛。

上述约翰逊估重公式中的系数（10 800）不适于我国所有黄牛品种及各种年龄的黄牛。因此，必须在实践中进行核对，予以修正，以求得比较适用的系数。一般估重公式是：

体重＝胸围^2×体斜长/估测系数

估测系数＝胸围^2×体斜长×实际体重

各种年龄的黄牛均可按此公式求得其估测系数，可获得与实际体重误差极小的估测体重，比约翰逊估重公式精确得多。

c. 犊牛断奶体重。是各种类型犊牛饲养管理的重要指标之一。肉用犊牛一般随母牛哺乳，断奶时间很难一致。所以在计算断奶体重时，须校正到同一断奶时间，以便比较。校正的断奶体重计算公式如下：

校正的断奶体重＝ 校正的断奶天数＋初生重

因母牛的泌乳力随年龄而变化，故计算校正断奶重时应加入母牛的年龄因素。

校正的断奶体重＝（校正的断奶天数＋初生重）×母牛年龄因素

式中，母牛年龄因素：2 岁＝1.15；3 岁＝1.10；4 岁＝1.05；5～10 岁＝1.0；11 岁以上＝1.05。

d. 犊牛断奶后体重。断奶后体重是肉牛提早育肥出栏的主要依据，为比较断奶后的增重情况，常采用校正的365d体重，其计算公式如下：

校正的365d体重＝（365d－校正断奶天数）＋校正断奶体重

作为种用公母牛，断奶后的体重测定年龄为：1 岁、1.5 岁、2 岁、3 岁和成年。

②体尺测量。体尺测量是牛外貌鉴别的重要方法之一，其目的是填补观察鉴别的不足，且能使初学鉴别的人提高鉴别能力，也是选种的重要依据之一。对于一个牛的品种及其类群或品系，如想求出其平均的、足以代表其一般体型结构的体尺时，也必须运用体尺测量。测量后应将其所得数据加以整理和生物统计处理，求出其平均值、标准差和变异系数等，然后用来代表这个牛群、品种或品系的平均体尺，这是比较准确的。体尺测量所用的仪器有：测杖、卷尺、圆形测定器（与骨盘计相似）、测角（度）计。在测杖、卷尺、圆形测定器上都刻有厘米刻度，测角（度）计上则有度与分刻度。

测量体尺与称重可同期进行，一般在初生、6 月龄（断奶）、1 岁、1.5岁、2 岁、3 岁和成年时测定。测量体尺时必须使被测量的牛直立地站在平坦的地面上，左、右两侧的前后肢均须在同一条直线上；在牛的侧面看时，左腿掩盖右腿，或右腿掩盖左腿；从后面看，后腿掩盖前腿。头应自然前伸，既不左右偏，也不高仰或下俯，头骨近端与鬐甲接近于水平。只有这样的姿势才能得到比较准确的体尺数值。

测量部位的数目依测量目的而定。例如，估测牛的活重时，只测量体斜长（软尺）和胸围2个部位即可。为了观察及检查在生产条件下的生长情况，测量部位可有5个（鬐甲高、体斜长、坐骨端宽、腰角宽、管围）至8个（鬐甲高、尻高、体斜长、胸围、管围、胸宽、胸深、腰角宽）。而在研究牛的生长规律时，测量部位可增加到13～15个，即除上述8个部位外，再加头长、最大额宽、背高、十字部高、尻长、髋关节和坐骨端宽7个部位。现着重介绍一般常用的几项体尺的测量方法。

体斜长：从肱骨前突起的最前点（即肩关节的前端）到坐骨结节之间的距离。用测杖或硬尺测量。

胸围：肩胛骨后缘处做一垂线，用卷尺绕一周测量，其松紧度以能插入食指和中指上下滑动为准。

鬐甲高（简称体高）：自鬐甲最高点垂直到地面的高度。用测杖测量。

前管围：在前掌骨上1/3最细处的水平周径长度，以卷尺测量。

胸深：肩胛后缘胸部上、下间的距离，以卡尺或测杖测量（测杖测量读宽一面的距离）。

胸宽：肩胛后缘胸部最宽处左、右两侧间的距离。以卡尺或测杖测量。

尻长：腰角前缘至臀端的距离。以卡尺测量。

腿围：主要用于肉牛的测量。从一侧后膝前缘，绕臀后至对侧后膝前缘突起的水平半周长。测量时一定要使牛的后肢站立端正，否则误差极大。应连续测量2次求其平均值。

腰角宽：两腰角外缘间的直线距离。

坐骨端宽：两坐骨结节间的宽度，用圆形测定器测量。

乳房的测量：乳房容积的大小与产奶量有密切关系。因此，测定母牛乳房的最大生理容积，可作为评定产奶量高低的参考。测量应在最高泌乳胎次和泌乳高峰期（产后1～2个月）及在挤奶前进行。一般测量以下几个部位：乳房围，乳房的最大周径；乳房深度，后乳房基部（乳镜下部突出处）起至乳头基部；前乳头基部至乳房基部的高度；乳房半围，由前乳房基部至后乳房基部的长度；前、后乳房两乳头间的距离；左、右乳房两乳头间的距离；前（后）乳头后方的乳房半径。

③体尺指数的计算。研究家畜外貌时，为了进一步明确畜体各部位在发育上是否匀称、不同个体间在外貌结构上是否有差异，以及为了更明确地判断某些部位是否发育完全，在体尺测量后，常采用体尺指数计算的方法。所谓体尺指数，就是畜体某一部位尺寸对另一部位体尺的百分比，这样可以显示出2个部位之间的相互关系。

　　用指数鉴定外貌时，通常都是用畜体某 2 个部位来相互比较，而这 2 个相互比较的部位应该是彼此间关系最密切，并且按其解剖构造和生理机能来说是具有一定关系的。例如，为了判断家畜体高与体长的比例，可使用体长指数，即体斜长与髻甲高度之比，再乘以 100；为了确定家畜体躯发育的情况，可使用体躯指数，即胸围与体斜长的比值等。现将生产上最常用 5 种指数的计算方法介绍如下。

　　a. 体长指数。体斜长与髻甲高的比例，即：

$$体长指数＝体斜长/髻甲高×100$$

　　一般乳用牛的体长指数较肉用牛小。胚胎期发育不全的家畜，由于高度上发育不全，此指数也相当大；而在生长期发育不全的牛，则与此相反，其体长指数远比该品种所固有的平均值低。

　　b. 体躯指数。胸围与体斜长的比例，即：

$$体躯指数＝胸围/体斜长×100$$

　　此指数是表明家畜体躯发育情况的一种很好的指标。一般役用牛和肉牛的体躯指数比乳用牛大，原始品种的牛此指数最小。

　　c. 尻宽指数。坐骨端宽（坐骨结节间的宽度）对腰角宽的比例，即：

$$尻宽指数＝坐骨端宽/腰角宽×100$$

　　这一指数在鉴别公、母牛时特别重要。尻宽指数越大，表示由腰角至坐骨结节间的尻部越宽。高度培育的品种，其尻宽指数较原始品种要大。如西门塔尔牛的尻宽指数最大，即这种牛的尻部较宽。中国黄牛尻宽指数较小，所以尻部狭窄，多有尖尻现象。

　　d. 胸围指数。胸围对髻甲高的比例，即：

$$胸围指数＝胸围/髻甲高×100$$

　　在鉴别役牛时，此指数应用较多。因为胸围大小是耕牛役用能力大小的重要指标之一。由这一指数可以判断出役用牛在体躯高度和宽度上相对发育的情况。

　　e. 管围指数。前管围对髻甲高的比例，即

$$管围指数＝前管围/髻甲高×100$$

　　由这一指数可判断家畜骨骼相对发育的情况，这在鉴别役用牛时有特别重要的意义。通常肉用品种牛的管围指数较乳用品种要小，役用牛的管围指数又较乳用品种要大。

　　（3）外貌评分鉴定。评分鉴定是将牛体各部位依据其重要程度分别给予一定的分数，总分是 100 分。鉴定人员根据外貌要求分别评分，最后综合各部位的评分数，即得出该牛的总分数。然后按给分标准，确定外貌等级。

　　中国荷斯坦牛外貌鉴定评分及等级标准见表 2-1 至表 2-3。

表 2-1 母牛外貌鉴定评分表

项目	细目与给满分要求	标准分
一般外貌与乳用特征	1. 头、颈、鬐甲、后大腿等部位棱角和轮廓明显	15
	2. 皮肤薄而有弹性，毛细而有光泽	5
	3. 体高大而结实，各部结构匀称，结合良好	5
	4. 毛色黑白花，界线分明	5
	小计	30
躯体	5. 长、宽、深	5
	6. 肋骨间距宽，长而张开	5
	7. 背腰平直	5
	8. 腹大而不下垂	5
	9. 尻长、平、宽	5
	小计	25
泌乳系统	10. 乳房形状好，向前后延伸，附着紧凑	12
	11. 乳房质地：乳腺发达，柔软而有弹性	6
	12. 四乳区：前乳区中等大，4 个乳区匀称，后乳区高、宽而圆，乳镜宽	6
	13. 乳头：大小适中，垂直呈柱形，间距匀称	3
	14. 乳静脉弯曲而明显，乳井大，乳房静脉明显	3
	小计	30
肢蹄	15. 前肢：结实，肢势良好，关节明显，蹄质坚实，蹄底呈圆形	5
	16. 后肢：结实，肢势良好，左右两肢间宽，系部有力，蹄形正，蹄质坚实，蹄底呈圆形	10
	小计	15
总计		100

表 2-2 公牛外貌鉴定评分表

项目	细目与给满分要求	标准分
一般外貌与乳用特征	1. 色黑白花，体格高大	7
	2. 有雄相，肩峰中等，前躯较发达	8
	3. 各部位结合良好而匀称	7
	4. 背腰：平直而坚实，腰宽而平	5
	5. 尾长而细，尾根与背线呈水平	3
	小计	30

（续）

项目	细目与给满分要求	标准分
躯体	6. 中躯：长、宽、深	10
	7. 胸部：胸围大，宽而深	5
	8. 腹部紧凑，大小适中	5
	9. 后躯：尻部长、平、宽	10
	小计	30
乳用特征	10. 乳房形状好，向前后延伸，附着紧凑	6
	11. 颈长适中，垂皮少，鬐甲呈楔形，肋骨扁长	4
	12. 皮肤薄而有弹性，毛细而有光泽	3
	13. 乳头呈柱形，排列距离大，呈方形	4
	14. 睾丸：大而左右对称	3
	小计	20
肢蹄	15. 前肢：肢势良好，结实有力，左右两肢间宽；蹄形正，质坚实，系部有力	10
	16. 后肢：肢势良好，结实有力，左右两肢间宽；飞节轮廓明显，系部有力，蹄形正，蹄质坚实	10
	小计	20
	总计	100

表 2-3　外貌鉴定等级标准

性别	特等	一等	二等	三等
公	85	80	75	70
母	80	75	70	65

说明：对公、母牛进行外貌鉴定时，若乳房、四肢和体躯其中一项有明显生理缺陷者，不能评为特等；有两项时不能评为一等；有三项时不能评为二等。对于乳用犊牛及 1 岁育成牛，由于泌乳系统尚未发育完全，泌乳系统可作为次要部分，而把重点放在一般外貌、乳用特征和体躯容积三部分上。

（4）线性鉴定。奶牛线性外貌评定方法起源于美国，它是指一头奶牛的各种生物性状（如尻部的水平程度和后乳房附着的宽度），按 0～50 分，从性状的一个极端到另一个极端来衡量。这一方法共评定 15 个主要外貌性状和 14 个次要外貌性状，提供了每头评定奶牛线性描述的体型轮廓。综合和分析这些资料，可得出荷斯坦种公牛准确而详细的遗传预测，有利于公牛和母牛的矫正选配。

经过 3 年的研究、试用和修改，美国荷斯坦奶牛协会于 1983 年 1 月在奶牛群中开始实行线性外貌评定方法。"线性方法"是目前在美国为 35 名官方鉴定员所使用的唯一外貌评定方法。荷兰、日本、英国、加拿大、德国等国家也已开始推广应用。目前在美国使用的"线性方法"与过去所使用的"描述性方法"所鉴定的性状基本上是一致的，但是"线性方法"是按 1～50 分的范围，从一个性状的生物学极端向另一生物学极端来衡量的。除使用"线性方法"外，还继续按四大特征，即总体表现、乳用特征、体躯容积和泌乳系统计算出体型外貌的最后分数（以理想型的百分比表示）。荷斯坦牛的线性性状被分为 15 个主要性状和 14 个次要性状。主要性状是具有经济价值、变化性强、结合起来可以作为选择种公牛依据的性状。次要性状的确立是为进一步估计其经济和遗传价值的研究收集更多的信息。次要性状是用于试验性目的的，鉴定员只在工作笔记本上注明生物学极端状况。线性方法所包括的 15 个主要性状可归纳为 5 个主要系统：体型、尻部、肢蹄、乳房和乳头。

15 个主要性状是：

体型：体高，强壮度，体深，棱角。

尻部：尻角，尻长，尻宽。

腿蹄：后肢，蹄的角度。

乳房：前乳区附着，后乳房高度，后乳房宽度，乳房悬垂状况，乳房深度。

乳头：乳头后望。

14 个次要性状（二级性状）也可归纳为 5 个系统：体型、尻部、肢蹄、乳房和乳头。

体型：前躯高度，肩，背。

尻部：尾根，阴门角度。

肢蹄：后肢踏着，后肢后望，系部，蹄尖，动作。

乳房：前乳房长度，乳房匀称。

乳头：乳头侧望，乳头长度。

后来，主要性状尻长由于与体高线成正比而被删除，乳头后望变更为前乳房位置，14 个次要性状仅作为调查项目，保留后肢踏着和后肢后望。从而成为主要性状 14 个、调查性状 2 个，共 16 个项目。

日本于 1984 年改变以往描述性鉴定方法，直接采用美国 29 项的线性评定方法。1986 年删除了 5 个次要性状，并对个别极端性状不做鉴定（有的次要性状受管理和环境影响较大），以主要性状作为鉴定的主体。

线性性状单一明确，能确切地了解奶牛的机能特点，评分范围大，牛体间部位性状差别鲜明，便于统计。

研究表明，线性鉴定通过更为准确的衡量手段提高了种牛的遗传力。因而，奶牛饲养者也能够更易识别出种公牛间的区别。

（5）体况评分鉴定。

①体况评分的概念。牛体况评分是世界上一些养牛业发达国家近年来开始推行的一套对牛体状况或牛体脂肪积累量的衡量方法，是推测牛群生产力的一项重要指标。它可用于检验和评价饲养管理水平，为生产经营者、市场交易者以及兽医工作人员等提供了一种科学、准确、简便易行、可操作性强的评价牛营养状况的统一标准。牛体况评分是用一系列的分数单位来表示牛的体况，其优点是不需要任何特殊的工具和设备，就可快速得出结果，对于一般的生产管理和研究来说，都具有可靠的准确性。更重要的是当描述牛体况时，每个评价者都能应用同一种术语来表达，这就比"肥""中等肥""稍肥"或"瘦""较瘦"等描述更为准确和统一。

②评分方法。牛体况的评分级别为从1分（非常瘦）到5分（较肥）。在牛腰角和最后肋之间的腰部区域覆盖的脂肪是用于体况评分的主要部位，尤其是较瘦的动物更具有典型性。测定时将手放在牛的腰部，手指的指向与腰角骨相对，用大拇指去触摸和感觉短肋（腰椎骨横突）部末端的脂肪覆盖量。由于在短肋和皮肤之间没有肌肉组织，所以大拇指触到的任何衬垫物都是脂肪。对于较肥胖的牛，由于脂肪的沉积较厚，所以尽管施加压力也触摸不到短肋。除短肋部以外，尾根部的脂肪覆盖程度也被用于评价体况。

③评分标准。按照英国的标准，为5分制。具体描述如下：

1分：用手触摸牛的每一短肋，感觉轮廓清晰、明显凸出，呈锐角，没有脂肪覆盖其周围。腰角骨、尾根和肋骨眼观突起鲜明。

2分：用手触摸，可分清每一单独的短肋，但感觉其端部不如1分体况锐利，有一些脂肪覆盖于尾根周围，腰角骨和肋骨不明显。

3分：只有当用力下压时才能触摸到短肋，很容易触摸到尾根部两侧区域有一些脂肪覆盖。

4分：触摸尾根周围覆盖的脂肪柔软，略呈圆形，尽管用力下压也难以触摸到短肋，可见更多的脂肪覆盖于肋骨，牛的整体脂肪量较多。

5分：牛体的骨架结构不明显，躯体呈短粗的圆筒状，尾根和腰角骨几乎完全埋在脂肪里，肋骨和大腿部明显沉积大量脂肪，短肋被脂肪包围，牛体因积累大量脂肪而影响运动。

在实践中，某一动物的体况可能介于两个等级之间，上下为半分之差，如2.5分，表示被测动物的体况是介于2分与3分之间。由于被毛丰满时，会掩盖较差的体况，所以体况评分不仅要靠眼观，更主要的是根据手的触摸，对动物体表某些特定部位的脂肪覆盖程度进行衡量。

④体况评分时间。繁殖母牛需要在每个生产年度的以下 3 个时期分别进行 1 次体况评分。

第 1 次：秋季妊娠检查时或冬季饲养开始前进行 1 次评分，其理想分数为 3.0 分。

第 2 次：产犊后评分 1 次，成年母牛的适宜分数应为 2.5 分，初产母牛为 3.0 分。

第 3 次：配种开始前的 30d 评分 1 次，此时以 2.5 分为宜。

2. 奶牛生产性能测定　奶牛生产性能测定（DHI）技术是通过技术手段对奶牛场的个体牛和牛群状况进行科学评估，依据科学手段适时调整奶牛场饲养管理，最大限度地发挥奶牛生产潜力，达到奶牛场科学化管理和精细化管理。DHI 技术是奶牛场管理和牛群品质提升的基础。通过对 DHI 技术报告进行层层剖析，使问题得以暴露。主要着眼于反映出的奶牛隐性乳腺炎、乳脂乳蛋白含量、泌乳天数变化等几个关键环节的指标数据，采取相应的技术措施，适时调整奶牛场管理，从而提高牛群生产水平和生鲜乳质量，最终达到提高牛场经济效益的目的。

（1）我国奶牛生产测定的简况。我国奶牛生产性能测定工作开始于 1992 年，最早开始于天津；1995 年随着中国-加拿大综合育种项目实施，先后在上海、北京、西安、杭州等地开展；截至 2008 年底，全国参加生产性能测定的奶牛超过 30 万头。2008 年，农业部立项在 16 个省（直辖市、自治区）建立了 18 个 DHI 实验室推广该项技术。到 2009 年 12 月，全国参测的牛场 1 024 个，参测奶牛 52.8 万头。这项技术在我国起步虽晚，但正在迅速推广，越来越多的牛场开始接受和应用。

上海市 1995—2005 年参加生产性能测定牧场测试情况见表 2-4。可明显看出日产奶量和乳脂率分别由 1995 年的 19.01kg 和 3.68％提高到 2005 年的 24.85kg 和 3.80％；乳蛋白率和体细胞数分别由 1995 年的 3.13％和 1 182.5 万个/mL 改善到 2005 年的 3.01％和 51.09 万个/mL。

表 2-4　上海市参加生产性能测定牧场测试情况表

年份	日产奶量（kg）	乳脂率（％）	乳蛋白率（％）	体细胞数（万个/mL）
1995	19.01	3.68	3.13	1 182.50
1996	20.73	3.44	2.29	921.58
1997	21.50	3.29	2.92	858.64

（续）

年份	日产奶量（kg）	乳脂率（%）	乳蛋白率（%）	体细胞数（万个/mL）
1998	21.70	3.26	3.01	591.60
1999	24.13	3.37	2.99	548.90
2000	23.72	3.63	2.96	459.61
2001	25.47	3.59	2.92	501.30
2002	25.62	3.71	2.99	523.68
2003	24.76	3.81	3.03	659.24
2004	24.15	3.80	3.07	544.68
2005	24.85	3.80	3.01	510.90

（2）奶牛生产性能测定（DHI）操作流程。生产性能测定流程主要包括牧样本采集、样本测定、数据处理3部分。

①样本采集。

a. 测定牛群要求。参加生产性能测定的牛场应具有一定生产规模，最好采用机械挤奶，并配有流量计或带搅拌和计量功能的采样装置。生产性能测定采样前必须搅拌，因为乳脂相对密度较小，一般分布在牛奶的上层，不经过搅拌采集的奶样会导致测出的乳成分偏高或偏低，最终导致生产性能测定报告不准确。

b. 测定奶牛条件。测定奶牛应是产犊1周以后的泌乳牛。牛场、小区或农户应具备完好的牛只标识（牛籍图和耳号）、系谱和繁殖记录，并保存有牛只的出生日期、父号、母号、外祖父号、外祖母号、近期分娩日期和留犊情况（若留养的还需填写犊牛号、性别、初生重）等信息，在测定前需随样品同时送达测定中心。

c. 采样。对每头泌乳牛一年测定10次。每头牛每个泌乳月测定1次，2次测定间隔一般为26～33d。每次测定需对所有泌乳牛逐头取奶样，每头牛的采样量为50mL，1d 3次挤奶一般按4∶3∶3（早∶中∶晚）比例取样，2次挤奶按早晚6∶4的比例取样。测定中心配有专用取样瓶，瓶上有3次取样刻度标记。

d. 样品保存与运输。为防止奶样腐败变质，在每份样品中需加入重铬酸钾0.03g，在15℃的条件下可保持4d，在2～7℃冷藏条件下可保持1周。采样结束后，样品应尽快安全送达测定中心，运输途中需尽量保持低温，不能过度摇晃。

②样本测定。

a. 测定设备。实验室应配备乳成分测试仪、体细胞计数仪、恒温水浴箱、保鲜柜、采样瓶、样品架等仪器设备。

b. 测定原理。实验室依据红外原理做乳成分分析（乳脂率、乳蛋白率），体细胞数是将奶样细胞核染色后，通过电子自动计数器测定得到结果。生产性能测定实验室在接收样品时，应检查采样记录表和各类资料表格是否齐全、样品有无损坏、采样记录表编号与样品箱（筐）是否一致。如有关资料不全、样品腐坏、打翻现象超过 10％的，实验室将通知重新采样。

c. 测定内容。主要测定日产奶量、乳脂肪、乳蛋白质、乳糖、全乳固体和体细胞数。

③数据处理。数据处理中心根据奶样测定的结果及牛场提供的相关信息，制作奶牛生产性能测定报告，并及时将报告反馈给牛场或农户。从采样到测定报告反馈整个过程需 3～7d（图 2-1）。奶牛生产性能测定报告的项目指标：日产奶量、乳脂率、乳蛋白率、泌乳天数、胎次、校正奶量、前次奶量泌乳持续力、脂蛋白比、前次体细胞数、体细胞数（SCC）牛奶损失、总产奶量、总乳脂量、总蛋白量、高峰奶量、高峰日、90d 产奶量、305d 预计产奶量、群内级别指数（WHI）、成年当量等。

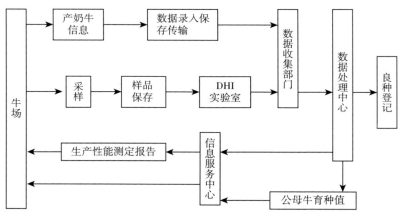

图 2-1　奶牛生产性能报告制作流程

（3）奶牛生产性能测定的意义。

①提高原料奶质量。原料奶质量好是保证乳制品质量最重要的一关，只有高质量的原料奶才能生产出高质量的乳制品并带来最好的经济效益。原料奶质量的好坏主要由生鲜乳的主要成分和卫生 2 个方面。在生产中，可通过调控奶牛的营养水平有效控制牛奶乳脂率和乳蛋白率，从而生产出理想成分的牛奶。

②乳腺炎的发病率得到有效控制。奶牛发生任何机体部分病变或生理变化都会减少产奶量，由于生产性能测定能及时监控个体奶牛生产性能表现，因此可以大大提高兽医的工作效率。通过每月的奶牛生产性能测定报告：一是掌握

奶牛产奶水平的变化，了解奶牛是否受到刺激、准确把握奶牛健康状况；二是分析乳成分的变化，判断奶牛是否患酮病、慢性瘤胃酸中毒等病；三是通过测量体细胞数的变化，及早发现乳腺炎，特别是为及早发现隐性乳腺炎，并且为制订防治计划提供科学合理的依据，从而有效减少牛只淘汰数，降低治疗费用。

③推进奶牛品种改良。生产性能测定得到的数据是进行种公牛遗传评定的主要依据，只有可靠准确的性能记录才能保证不断地选育出遗传水平高的优秀种公牛，进而用于牛群品种改良。而如果没有准确而全面的生产性能记录作为参照，就不可能实现针对个体牛进行科学的选种选配。针对某个奶牛场而言，可以根据奶牛个体性状的表现，在保留优点、改掉缺点的前提条件下选择配种公牛并做好选配工作，从而提高品种改良的成效。例如，可根据个体产奶量、乳脂率、乳蛋白率的不同，选用不同的种公牛进行配种。对乳脂率低的，可选用乳脂率高的种公牛；乳蛋白低的，选用乳蛋白高的种公牛等。通过对个体牛的选种选配从而不断提高整个牛群后代的质量。

④有利于制订科学的管理制度。生产性能测定报告不仅可以及时反映个体的生产表现，还可以记录牛只的以往表现，就可以依据牛只生产表现及所处不同的生理阶段进行科学的分群饲养。奶牛生产性能测定已经成为奶牛场决策的依据，为饲养、繁殖、控制疾病、管理奶牛场等提供了技术。

（4）现阶段我国奶牛生产性能测定存在的问题。

①产奶量记录和采样不规范。大多数采样员在记录产奶量时，由于流量计读数不规范，产奶量记录存在误差。流量计使用后必须进行清洗，并定期加以校正，以确保计量的准确性，但目前只有少数奶牛场能做到这一点。DHI 采样集中，工作量大，不可避免地出现了各种各样的不规范操作。如对产后 7d 以内的泌乳牛进行采样；未严格按照 4∶3∶3 或 6∶4 比例进行取样；取样前流量计中牛奶未充分混合；采取后的奶样未加摇晃；奶样未放置于 2~7℃冷藏室或通风阴凉处等导致检测结果失真。

②目前大部分奶牛场不会解读 DHI 报告。DHI 报告解读者不仅要有扎实的专业知识，而且要有长期从事 DHI 工作的丰富经验。一般奶牛场缺少专业人才，无法对 DHI 报告进行解读。因此，目前国内各奶牛生产性能测定中心请专家对 DHI 报告进行解读，然后将 DHI 报告和解读一起发送至奶牛场。奶牛生产性能测定中心还定期进行专家回访，使 DHI 报告与生产实际相结合。但是，专家回访的次数有限，只有奶牛场学会解读 DHI 报告，才能够充分发挥 DHI 报告的指导作用。

③奶牛场管理软件和 DHI 报告不能很好地结合。规模化奶牛场一般都使用奶牛场管理软件，如用阿菲牧（AfiFarm）牛场管理软件、乳业专家奶牛场

管理系统、Dairy Comp 305 软件等对奶牛场进行信息化管理。两者的侧重点不同，奶牛场管理软件模块涉及的方面比较广泛，侧重于整体管理，实现全程化计算机监控管理；而 DHI 报告侧重于通过对奶样的检测，反映牛只及牛群配种繁殖、生产性能等方面的信息，科学有效地加强管理，充分发挥牛群的生产潜力，进而提高经济效益。由于两者的兼容性差，奶牛场很难将奶牛场管理软件出的报表与 DHI 报告结合起来使用。

第二节　饲养管理因素

一、饲养管理因素对猪生长发育的影响

（一）对公猪的影响

公猪的繁殖性能在实际生产中的优劣程度常与饲养管理状况密切相关。良好的饲养管理是保证公猪优良繁殖性能的基础条件，饲养管理的实践应着眼于公猪繁殖性能的充分表现，就是通过加强饲养管理以保证公猪良好的体况、正常的性机能，提高精子的产量和质量。

1. 公猪的饲料营养　营养是维持公猪正常生命活动、产生精子和保持旺盛配种能力的基础。因此，喂给营养全价的日粮，可增进公猪的健康并提高其生精配种能力。

（1）营养水平。要想使成年公猪达到理想的繁殖状态，其日粮营养水平应不低于 NRC 推荐的标准。适宜的营养水平是符合公猪生理需要的，水平过高可使公猪体内储存过多的脂肪，造成体态肥胖，性欲低下，配种能力弱；水平过低可使体内脂肪耗损，形成碳、氮负平衡，导致体况消瘦。一般来讲，120～150kg 的成年公猪日需消化能 28.67～34.7MJ，蛋白质（302±21）g，秋冬季节还需在此基础上增加 10%～20%。日粮中的蛋白质水平对公猪精液的数量和质量及精子寿命都有很大影响。公猪精液中干物质占 5%，其中蛋白质（3.7%）约占干物质的 74%，为此，公猪日粮中必须含有优质适量的蛋白质才能满足其生精需要。日粮中多种来源的蛋白质饲料可以互补，提高蛋白质的生物学价值；动物性蛋白（血粉、鱼粉、肉骨粉、鸡蛋）生物学价值完全，对提高精液品质有良好作用。由于营养因素造成的青年公猪繁殖机能下降对其以后的影响较为严重；而营养因素对成年公猪造成的繁殖机能损伤往往是可逆的，只要给予适当的营养，大多数可以恢复正常。

（2）矿物元素和维生素营养。公猪日粮中钙、磷的缺乏或不足会使精液品质显著降低，出现死亡的、发育不全的或活力不强的精子；日粮中钙质过多或钙磷比例不当会使饲料利用率和公猪食欲下降，进而影响体况和繁殖。我国大

部分地区的饲料一般不缺磷，要注意钙和食盐的补充。公猪日粮中的钙磷比例以 1.3∶1.0 为好，即日喂 15g 钙、12g 磷、10～12g 食盐。维生素 A、维生素 D、维生素 E 对精液品质也有很大影响，这些维生素缺乏时，公猪的性反射减弱，精液品质下降；长期缺乏会使睾丸发生肿胀或萎缩，丧失繁殖能力。维生素 D 缺乏会影响机体对钙、磷的利用，间接影响精液品质。种猪在配种期间每千克日粮应含维生素 A 4 680IU、维生素 D 275IU、维生素 E 12IU。维生素 D 在饲料中含量有时虽少，但只要公猪每天有 1～2h 的日光浴，就可满足需要。硒的作用与维生素 E 有密切关系，缺硒会引起贫血、精液品质下降。烟酸、泛酸也是公猪不可缺少的营养物质。因此，在生产实践中利用微量元素和维生素添加剂平衡公猪日粮，会更好地改善精液品质。

2. 公猪的管理　保持公猪健壮的体质和良好的生精配种能力，一方面，喂给营养全价的日粮；另一方面，要做到确切合理的管理。

（1）公猪的安全管理。若公猪感染了高热性疾病、慢性传染性疾病，或外伤、炎症，这些疾病都会造成其性机能和生精能力减退或衰竭。采精用的公猪配种利用广，其一旦受到疾病威胁，势必会对一定区域的猪群造成重大影响。因此，对种用公猪应加强各种疫病的预防和治疗；采精利用过程中应严格遵守操作规程，适度控制采精频度，防止性器官炎症的发生；对已发生的各种疾病应及时诊治，从而保证生产公猪的生理健康和繁殖机能正常发挥。

（2）单圈饲养，合理饲喂。单圈饲养使公猪保持安静，减少了外界不良刺激，杜绝了公猪爬跨和自淫的恶习，有利于维护其正常的性机能。饲喂公猪应定时定量，每顿喂得不要过饱，日粮搭配要丰富多样，日粮容积不宜过大，以免造成垂腹，影响配种利用。公、母猪要采用不同的日粮类型，以适应不同生殖细胞的分化发育需要；对母猪采用生理碱性日粮，能促进其多排卵；对公猪采用生理酸性日粮，能提高其精液品质，从而增强受精作用，提高猪群繁殖力。

（3）加强运动，补充光照。运动是促进机体新陈代谢、提高神经肌肉机能的重要措施，合理的运动可促进食欲、帮助消化、增强体质、提高神经肌肉的敏感性、促进性反射和生精。一般要求公猪上下午各运动 1 次，每次约 1h、1～2km。光照时间能影响公猪的性机能和生精，在自然光照较短的秋冬季节，每天补充光照至 14～16h，可有效改善精液量和精液品质。

（4）定期称重和检查精液品质。成年公猪的体重应无太大变化，但需保持中上等膘情。每次称重后都应根据体重变化及时调整日粮组成和管理模式，以保持正常体况。精液的检查应每周或每月进行 1 次，并根据精液品质的好坏调整营养、运动和采精次数。

3. 公猪的利用　精液品质的优劣不仅与饲养管理有关，在很大程度上还取决于初配年龄和采精频度。利用过早，精液量少，精液品质差，且影响本身的生长发育，缩短利用年限。

（1）初用年龄。适宜的初用年龄一般以品种、年龄或体重而定，对于现代饲养的瘦肉型猪种或其杂交种，其初用年龄一般应在 10～12 月龄、体重达 90～120kg，即占其成年体重的 50%～60% 开始初配。

（2）采精操作。采精方法和熟练程度直接影响采集精液的数量和质量。猪的采精方法有手握式和假阴道式，无论采用哪种采精方法都应以操作熟练、减少应激为前提。采精操作不规范、不熟练或存在采精应激都会造成精液品质低劣或采精失败。一般来讲，手握式采精比假阴道式简便易行，采集的精液量多、质好。

（3）采精频率。采精频率过高会显著降低精液品质，减少采精量。公猪长期不采精会性欲低下，精液中死精子数多。一般来讲，成年公猪采精频率以每周 3～4 次为宜，青年公猪以每周 2 次为宜。

（二）对后备母猪的影响

饲料中的能量水平和蛋白质水平对后备母猪的生长发育起着重要的作用。在后备母猪饲养管理过程中要注意，当后备母猪体重达到 90～100kg 时，要根据其体况对饲料进行调整，避免母猪过肥或过瘦。当后备母猪太肥时，母猪体内生殖器官的脂肪沉积过多，会导致发情不正常或者发情不明显，产仔后影响哺乳性能，并且在断奶后出现发情困难的现象；当后备母猪过瘦时，母猪营养不良，从而出现不发情或者延缓发情的现象，后备母猪产仔后乳汁的分泌情况也会受到影响，从而影响仔猪的生长发育，还会导致母猪在断奶后体质太差，影响再次发情，情况严重时会影响终身的繁殖性能，最终被淘汰。后备母猪的饲喂要求：前期饲料蛋白质和能量水平要高，主要用于后备母猪的生长发育，而后期饲料营养水平应相对较低。一般后备母猪的体重在达到 90～100kg 以前，采用自由采食的方式进行饲喂，以保证母猪有足够的采食量，在达到 90～100kg 以后，则应采用限制饲喂的方式，以防止母猪过肥或过瘦。后备母猪正处于身体的发育阶段，饲料中的钙、磷含量要充足，饲喂后备母猪含钙、磷的全价饲料可以延长母猪的繁殖寿命。在配种前 3 周要增加每天的饲喂量，可以增加排卵数。

（三）对空怀母猪的影响

空怀母猪是指处于断奶后、配种前的母猪，一般饲料中的营养水平对空怀母猪的影响表现在能否使断奶后母猪正常发情这一方面上。母猪在哺乳期体重损失较快，如果母猪太瘦，体内脂肪的沉积量不够，自身的维持无法满足，对断奶后发情会带来不利的影响，甚至会导致母猪的使用年限缩短，所以要根据断奶后母猪的体况额外补料，空怀母猪在配种前可以饲喂足够的哺乳母猪料，以使其能够尽快恢复体况，不影响再次发情。

（四）对妊娠母猪的影响

妊娠母猪摄入的营养不但要维持自身的需要，还要满足胚胎期和胎儿的正常生长发育，因此营养的需要量要比空怀母猪高。在妊娠初期，胚胎对营养的需求很少，所以在饲喂时要注意饲喂量不宜太大；否则，会导致母猪过肥，而增加难产的概率，所产仔猪体弱，母猪乳汁质量差等。在妊娠后期，可以喂给母猪一定量的青绿饲料，可以提高妊娠母猪食欲、防止母猪发生便秘，还可以促进胎儿发育，提高产仔率。饲喂妊娠母猪时，要根据母猪实际的体况来确定饲喂量，对于妊娠期太瘦的母猪，要增加喂料量；否则，会导致所产仔猪的死亡率高，母猪断奶后出现发情异常，母猪配种受胎率也会降低。妊娠期过肥的母猪要适当地减料，以降低难产的概率。一般给妊娠母猪饲喂过高水平的蛋白质饲料对妊娠会产生不利影响，而过低又会影响母猪的繁殖性能，因此日粮中的蛋白质水平要保持适中，一般在 14% 左右即可。妊娠母猪的日粮中要保证合适的钙、磷水平，并且要注意钙、磷的比例。日粮中缺钙会导致母猪患骨质疏松症，使母猪在产前或产后发生瘫痪，还会降低产后的泌乳量。对于胚胎及胎儿，尤其是后期的胎儿，如果缺钙，会影响胎儿骨骼的发育，引起软骨病。日粮中缺磷会导致母猪流产。妊娠母猪日粮中的钙、磷比例要求为 1.5∶1。日粮中的维生素水平要适当，维生素缺乏会导致母猪发生维生素缺乏症，当长期缺乏维生素 A 时，会导致仔猪体质虚弱，严重时会引起失明和小眼症；母猪则表现为繁殖性能下降。

（五）对哺乳母猪的影响

哺乳母猪在养猪生产中占有重要地位，哺乳母猪饲养的好坏直接影响母猪断奶后的发情情况，影响着母猪的繁殖性能。哺乳母猪饲养得当，其乳汁的分泌状况良好，仔猪的体质较强，断奶重相对较高，在转入保育舍后易于饲养，为后期育肥打下坚实的基础。如果饲养不好，母猪过肥或过瘦都会影响下一次发情，使发情延缓，延长空怀期，影响母猪的利用率，哺乳母猪的泌乳状况不佳，仔猪则表现为体弱、育成率较低，会影响生猪养殖的整条生产线。母猪在分娩当天不喂料，第 2 天逐渐增加饲喂量，1 周后每天达到 4～5kg，一直到断奶为止。哺乳母猪料要保证一定的能量和蛋白质水平。能量太低时，在满足哺乳母猪维持自身的能量需求后，则不够泌乳所需，这时哺乳母猪就会动用体脂，消耗自身的体能来满足泌乳从而导致过分失重，影响了断奶后的再次发情。哺乳母猪的日粮中要保证高水平的蛋白质，因为当蛋白质含量高时，可以促进母猪乳汁的分泌，减少母猪失重，不但会维持母猪的繁殖性能，而且还可提高仔猪成活率。在夏季高温季节，母猪常食欲不佳，且乳汁中大部分的成分为水分，所以饲喂哺乳母猪的饲料最好是湿拌料，可以提高饲料的适口性，并且要保证母猪饮用充足的水分，在饲喂母猪全价料的同时，适当地喂一些青绿饲料。

二、饲养管理因素对家禽生长发育的影响

（一）鸡舍饲养环境的控制

良好的饲养环境是肉鸡饲养成功的必要保证，创造一个有利于快速生长和健康发育的生活环境是肉鸡发挥其遗传潜力的基本要求。

1. 温度控制　雏鸡缺乏体温调节能力，必须为其提供适宜的温度。温度过高，雏鸡远离热源，采食量减少，饮水量增加，生长缓慢；温度过低，鸡扎堆并聚在热源周围，卵黄吸收不良，引起呼吸道疾病，消化不良，增加饲料消耗，而且扎堆还会造成雏鸡被压死的现象。

测定环境温度时，温度计的高度要以鸡背水平线处为准。育雏时，温度计的放置位置距热源应适中，不可太近或太远。有经验的养殖户结合温度计的读数与鸡群的分布情况综合衡量温度，即所谓的"看鸡施温"。原则就是鸡群要均匀分布、活动自如。肉仔鸡育雏期的温度要求：1～2 日龄 33～35℃；3～4 日龄 31～33℃；5～7 日龄 29～33℃；2 周龄 27～29℃；3 周龄 24～26℃；4 周龄 21～23℃，5 周龄以后 18～27℃。

2. 湿度控制　湿度即空气中的含水量，湿度与鸡正常发育密切相关。湿度大，鸡舍潮湿，垫料易霉变，细菌繁殖快，鸡易感染大肠杆菌病、球虫病、霉菌病等疾病；湿度小，鸡舍干燥、灰尘多，鸡易发生呼吸道疾病等。

育雏期（前 3 周）相对湿度控制在 65%～75%最适宜，此期因舍温高而空气干燥，用消毒水喷雾可一举两得；后期应避免高湿，相对湿度应控制在 55%～60%，而此期因雏鸡饮水量大、呼吸量大导致空气潮湿，应添加干爽垫料，加强通风。

3. 通风换气控制　通风换气，可适当地排出舍内的污浊空气、病原微生物、灰尘和水汽等，减少它们对鸡生长发育的影响。另外，换进舍外的新鲜空气，可促进雏鸡生长发育。

鸡舍内的有害气体主要有氨气、硫化氢、一氧化碳、二氧化碳等。氨气浓度过高时，常发生黏膜的碱损伤和全身碱中毒、黏膜充血症、呼吸道疾病和贫血，严重时还会导致黏膜水肿、肺水肿和中枢神经中毒性麻痹。硫化氢浓度过

高时易引起黏膜酸损伤和全身酸中毒。二氧化碳浓度过高，持续时间长时主要是造成缺氧。所以，一般情况下鸡舍中氨气浓度不能超过 $20g/m^3$，硫化氢浓度不能超过 $10g/m^3$，二氧化碳浓度不能超过 $1\,500g/m^3$，一氧化碳浓度不能超过 $2.4g/m^3$。

鸡舍通风可以通过自然通风和机械通风来完成。

4. 光照控制 主要是控制光照时间和光照度。肉鸡的光照有 2 个特点：一是光照时间尽可能延长，这是延长鸡的采食时间，使其适应快速生长，缩短生长周期的需要；二是光照度要尽可能弱，这是为了减少鸡的兴奋和运动，提高饲料转化率。

肉鸡常用的光照时间：①1～2 日龄 24h 光照，让鸡尽可能地适应新环境。②3 日龄以后 23h 光照、1h 黑暗，黑暗是为了使鸡适应生产过程中突然停电，避免引起炸群等应激。黑暗时间在晚上，即天黑以后不开灯，停 1h 后再开灯。

肉仔鸡常用的光照度：①1～5 日龄，光照度为 20lx，灯泡功率不宜过大。②6 日龄至出栏，光照度为 5～10lx。③白天光照过强时，要适当地遮光，光照度过强易使鸡兴奋并导致啄癖，对生长催肥不利。

5. 饮水管理 雏鸡体内的水分含量占体重的 60%～70%，它存在于鸡体的所有细胞内。因脱水或排泄损失 10% 的水分就会引起机能失调，损失 20% 的水分会引起死亡。每 100 只 1 日龄雏鸡应配有 1 个 4L 的饮水器，把这些饮水器适当地与料盘交叉放置。为了不使垫料掉在饮水器内，可在饮水器下放一块 15cm×15cm×2cm 的板或砖，将饮水器稍垫高一点。饮水要每天更换，注水前要经常清洗和消毒饮水器，但饮水免疫的前 1d，不要给饮水器消毒，以免影响免疫效果。

1 周后如果用水槽，每只鸡要有 1.8cm 的饮水空间，这个空间到上市时都是够用的。如仍用饮水器，则每 100 只鸡需 1 个。饮水器的摆放位置应以鸡在不超过 2.5m 的范围内能找到饮水为宜，饮水器高度应保持在鸡背高度，这样洒水最少，有利于保持垫料干燥，一般对肉仔鸡不控制饮水。鸡的饮水量一般是采食饲料量的 1.5～2.5 倍，温度越高，饮水量越大。饮水器每周清洗消毒 2 次。

6. 给饲管理 要根据品种标准核算每天的给饲量，饲喂时要少喂勤添，1～5 日龄每天 8 次；5 日龄后逐渐减少，后期每天 3 次。

饲槽的高度要与鸡背平行，换料时要逐渐变换，按照 1/3、2/3、1 逐步更换。

夏季高温时，尽量调整饲喂时间，在早晨和傍晚饲喂。另外，一定要注意饲料的保管，以防饲料霉变。饲料存放处应通风良好，并注意堆放高度。

7. 勤观察鸡群，及时做好日常记录 经常观察鸡群是肉仔鸡管理的一项重要工作。通过观察鸡群，一方面可促进鸡舍环境的改善，避免环境不良造成应激；另一方面可尽早发现疾病的前兆，以便早防早治。

悉心观察。观察的内容有：鸡群分布情况，羽毛与精神状况，粪便有无异常，呼吸道有无异常声音，采食与饮水是否正常。根据观察的结果综合分析鸡群健康与否，及时采取相应的措施。

认真记录。做好日常饲养记录，主要记录每天鸡只的死亡、淘汰、用料、用药、免疫接种等，定期称重。以上记录为日后出栏的效益分析提供了原始资料，并为下批鸡的饲养提供经验教训。

8. 选择最佳出栏日龄　适时出栏。肉仔鸡出栏受诸多因素影响。就生长规律来说，一般是在日增重达最大高峰后最佳（46～52 日龄），出栏过晚（出栏时间大于 56 日龄），饲料转化率降低，饲料投入多，日增重少，收益小于支出。

依品种出栏。不同品种肉仔鸡的日增重最大高峰时期是不一样的。就快大型白羽鸡来说，在 7 周龄左右出栏饲料转化率最高。因此，具体最佳出栏日龄，养殖户应结合市场价格行情等情况综合考虑。

看市场价格出栏。如果肉仔鸡市场价格平稳，稳中有升，可选择出栏日龄上限（52 日龄）出栏；如果肉仔鸡市场价格呈小幅下降趋势，则可选择出栏日龄下限（46 日龄）出栏；如果肉仔鸡市场价格呈大幅下降趋势，则可选择肉仔鸡收购最低体重限制出栏。

（二）三供五控饲养法

"三供"指水、料、氧气；"五控"指温度、湿度、光照、风速、密度。肉鸡健康养殖所的原则是"首保生命所需，次保生理感受"，首保生命所需，水、料、氧气都是生命必不可少的，少了其中任意一项生命就将终止，所以当生理感受和生命所需冲突时"首保生命所需，次保生理感受"。

一般养殖过程中肉鸡不缺水和料，而出现最多的是氧气供应不足，因为氧气是否充足无法直接衡量，所以在养殖过程中，因为新鲜空气供应不足而导致肉鸡缺氧窒息的事情时有发生，给肉鸡养殖带来了很大损失。虽然氧气含量无法直接衡量，但是可以计算通风量，通过通风量来计算肉鸡所需的氧气，从而供给肉鸡足够氧气（参考：肉鸡舍通风量的计算方法）。

"五控"应该顺应自然，满足肉鸡的生理感受。

温度：数据温度可以作为一个参考，应以肉鸡的体感温度作为温度的标准。

湿度：保证适合肉鸡生长发育的湿度。

风速：风速、温度、湿度相互作用改变肉鸡体感温度，应注意育雏和育成期风速的变化，1～24 日龄舍内风速控制在每秒 0.2m 内，25～42 日龄应提高风速以提高舍内空气质量，采取纵向通风，风速控制在每秒 2~2.5m。

光照：控光不控料，利用光照可以控制肉鸡的生长速度，营养首先供应活跃的器官，根据活跃度的强弱分别是脑、心脏、骨骼（横纹肌）、免疫系统、内脏（平滑肌）。其中，最不活跃的是内脏系统。为了让内脏系统得到更多的营养，缩小内脏和骨骼发育的差距，就要减少光照时间，在黑暗中，将营养供给内脏系统。

密度：肉鸡饲养密度取决于硬件条件、环控能力、外界气候和鸡的饲养日龄等综合因素，总的原则是在有条件的情况下，前 4 周的饲养密度越小，鸡就越健康，环境压力就越小，用药量就越少。

（三）鸡舍生产统计

肉鸡养殖投资大，风险高，效益低，生产效益是肉鸡养殖场的生命线。统计工作是通过搜集、汇总、计算统计数据来反映肉鸡生产状况与发展规律。通过数字揭示肉鸡在特定时间特定方面的特征表现，帮助人们对肉鸡健康度和生产效益进行定量乃定性分析，从而做出正确的决策。正因为如此，肉鸡生产统计需要把肉鸡生长信息、环境信息、生物安全信息结合在一起，进行综合分析，既可了解生产现状，又可总结过去的预测结果。

如果一个养鸡场建立或完善了一套既科学合理又行之有效的统计工作制度，那么这套制度对企业而言将具有以下作用：既可以反映养鸡场在某一时点上的现状，又可以反映在一个特定时期内的动态；既可以反映养鸡场的技术水平，又可以反映企业的效益与效率；既可以反映养鸡场的生产情况，又可以反映与生产经营活动有关的方方面面。养鸡场生产统计制度的健全与否是体现养鸡场管理水平的重要标志之一。

统计科目包括生产指标，日龄、日增重、采食量、饮水量、死淘率；环境指标，温度、湿度、光照、风速；防疫卫生，免疫、用药、消毒；物资消耗，煤、电、五金电料等。

统计管理：养鸡场应用表格统计法进行统计。每天要在同一个时间点填写统计表格，每天统计的数据应为 24h 的完整数据，统计数据要求真实有效，不可用估算法、推理法。鸡舍饲养员每天填写养殖记录，统计员根据养殖记录填写生产统计表，并对养殖记录的数据进行复核，确保数据的真实性。统计结束应立即将统计表格上交场长，由场长进行统计分析，分析结果上报公司，并根据分析结果调整生产管理方案。

（四）减少饲料浪费的措施

饲料成本在肉鸡养殖总成本中大约占 70%，而肉鸡养殖过程中饲料浪费

量一般为饲料量的 $2\%\sim10\%$，除给肉鸡提供所需营养外，还要提高饲料管理水平。减少饲料浪费是提高养鸡经济效益的重要措施，是提高养鸡经济效益的关键环节。防止饲料浪费的措施有以下几个。

（1）加料过程中避免洒落饲料。洒落饲料的情况在手工加料鸡场较普遍，且多被养殖场、饲养员所忽视。

（2）料槽边缘应高出鸡背，安放要牢固。料槽不够牢固、加料过多、鸡只争抢饲料造成饲料抛出受鸡粪污染而浪费。料槽放得过低，肉鸡进入槽内扒出饲料造成饲料被鸡粪污染而浪费。生产中应按鸡龄大小设置结构合理的食槽。同时注意，喂料时槽中的饲料量最好不超过其高度的 1/3，减少每次上料的量，增加上料的次数。

（3）鸡舍环境温度适宜。鸡的不同生长发育阶段要求的适宜温度不同。温度持续过低或过高都会导致生产性能降低。因此，冬季要采取有效的防寒保温措施，夏季应采取有效的防暑降温措施，使肉鸡处于适宜的温度，减少应激，以提高饲料转化率。

（4）要饲喂营养平衡的全价饲料，最大限度地提高饲料转化率。日粮营养成分不全，鸡只会加大采食量来弥补，这无疑是最大而又不易察觉的浪费。生产中应根据不同品种肉鸡的生理特点和不同的阶段，选择不同的全价饲料来饲喂。弱鸡无经济价值，应及早淘汰；否则，会浪费饲料，造成一定的损失。

（5）定期灭鼠和正确储存饲料。老鼠吃掉或储存不当变质、酸败、虫蛀等会造成饲料浪费。购进饲料应在 1 周内用完。鸡场要定期灭鼠，既可节约被老鼠吃掉的饲料，又可防止老鼠传播某些疾病；饲料应储放在通风的地方，定期晾晒或加入防霉剂。

（6）饲料粉碎至适当细度。饲料粉碎太细，会使肉鸡难以采食；粉碎过于粗大，饲喂时飞撒也造成浪费。应检修生产设备、调整工艺流程，按鸡生长需要粉碎原料至适当细度。

（7）合理的光照制度。既可保证营养供应，又可提高饲料转化率，从而减少饲料浪费。

（8）还需定期补喂沙粒以利于饲料的消化和吸收，可节约饲料，减少浪费。试验表明，定期补喂沙粒与不补喂沙粒相比，消化率可提高 $3\%\sim10\%$。另外，肉鸡喂粉状饲料比喂颗粒饲料多浪费 10% 以上，所以肉鸡最好喂颗粒饲料。

（五）肉鸡生产技术要点

1. 肉鸡生理特点

（1）肉鸡有很高的生产性能，表现为生长迅速，饲料转化率高，周转速度快。肉鸡在短短的 42d，平均体重即可从 40g 左右长到 2 500g 以上，6 周间增长 60 多倍，而此时的料重比仅为 1.75：1 左右，即平均消耗 1.75kg 料就能增加 1kg 体重，这种生长速度和经济效益是其他畜禽不能相比的。

（2）肉鸡对环境的变化比较敏感，对环境的适应能力较弱，要求有比较稳定适宜的环境。

肉雏鸡所需的适宜温度要比蛋雏鸡高 1～2℃，肉雏鸡达到正常体温的时间也比蛋雏鸡晚 1 周左右。肉鸡长大以后也不耐热，夏季高温时，容易因中暑而死亡。

肉鸡生长迅速，所以对氧气的需要量较高。如果饲养早期通风换气不足，腹水症的发病率就可能会提高。

（3）肉鸡的抗病能力弱。

①肉鸡的快速生长使得大部分营养都用于肌肉生长方面，抗病能力相对较弱，容易发生慢性呼吸道病、大肠杆菌病等一些常见性疾病，一旦发病还不易治愈。肉鸡对疫苗的反应也不如蛋鸡敏感，常常不能获得理想的免疫效果，稍不注意就容易感染疾病。

②肉鸡的快速生长也使机体各部分负担沉重，特别是 3 周内的快速增长，使机体内部始终处于应激状态，因而容易发生肉鸡特有的猝死症和腹水症（遗传病）。

③由于肉鸡的骨骼生长不能适应体重增长的需要，其容易出现腿病。另外，由于肉鸡胸部在趴卧时长期支撑体重，如后期管理不善，常会发生胸部囊肿。

2. 肉鸡舍通风时间通风量的计算方法及光照、密度

（1）肉鸡舍通风时间的确定和通风量的计算方法。尤其是在雏鸡 2 周龄前，通风对于很多养殖户来讲不容易掌握，如果打开风机通风又不能保证温度；不通风的话，舍内空气污浊不利于肉鸡健康生长，由于肉鸡前期空气需要量比较小，所以一般采取间歇式通风，但是对于很多养殖户而言，风机的开关时间难以确定，有的认为开 30s 停 2min，有的认为开 2min 停 10min，有的认为开 10min 停 30min，其实这些都不对。风机具体的开动的时间和关闭的时间是通过计算得来的，而不是靠自己的感觉决定的。如果开 30s 停 2min，可能只有风机附近的肉鸡可以呼吸到一些新鲜空气，很多污浊空气还是留在鸡舍内，达不到通风的要求；若开 2min 停 10min，则可能仅仅是鸡舍前半部分得到了新鲜空气，将前半部分的污浊空气又吹到了鸡舍的后半部分，大部分的污浊空气还是留在鸡舍内，并没有达到通风的要求，可以说这样的通风方法是失败的；若是开 10min 停 30min 则舍内温度又降低了。

（2）光照度。肉鸡舍的光照度一般为 1～3 日龄 20 lx，4～14 日龄 10 lx，

15 日龄以后 5 lx。

（3）密度。饲养密度对雏鸡的健康和生长影响很大。密度过高，鸡群踩踏增加，意外死亡率高，疾病发生率高。因此，要创造条件，采用合理的饲养密度。笼养肉鸡育雏采取全舍育雏和上层笼架育雏相结合的方式，每个笼子育雏25 只，采取全舍育雏不存在拥挤的问题。笼养肉鸡育成期的饲养密度与季节有关，夏季饲养密度低些，冬季的饲养密度可以适当增加，一般控制在每个笼子 8～9 只。平养肉鸡在采用地面垫料、网上平养条件下，要在舍内把鸡群分为若干个小群，每个小群鸡的数量在200～300 只。按照体重大小、体质强弱、公母分群。每个小群内的个体特点要基本相似，群内个体特点相似有利于群体发育均匀、有助于提高雏鸡的成活率。

3. 进雏准备　雏鸡入舍后的前 72h 的管理至关重要，直接影响肉鸡出栏后的经济效益指数及管理的成败。72h 以内的雏鸡对外界环境极其敏感，此时的雏鸡体温调节能力差，肠道还没有发育好，主要依赖卵黄营养维持生命，72h 的管理主要围绕为雏鸡提供稳定的、卫生的生存环境和开水、开食来展开。

（1）雏鸡运输。雏鸡运输管理是 72h 管理的第 1 步也是关键一步。

雏鸡运输必须使用具备保温、隔热、通风能力的专用车辆。在装运雏鸡前对车辆内外进行彻底消毒，所用消毒剂应选择高效且腐蚀性低的药物，防止残留灼伤雏鸡呼吸道、消化道黏膜。雏鸡装车后立即上路行驶，中途停车时间每次不得超过 10min，若因特殊情况停车时间超过 10min 时，应打开车门、侧窗，专人照料雏鸡，使车厢内不超温，雏鸡不受凉、不缺氧。无论停车还是行车都必须保证车厢内温度不高于 28℃、不低于 27℃，雏鸡箱内温度不高于 37℃、不低于 35℃，保持通风，不缺氧。雏鸡在运输途中出现超温（雏鸡箱内温度高于 38℃），会引起雏鸡脱水、卵黄重量减轻，影响育雏成活率和体重。雏鸡运输途中出现低温（雏鸡箱内温度低于 35℃），会引起雏鸡受凉感冒，免疫力降低，容易造成早期细菌感染。雏鸡在运输途中缺氧，会引起小脑软化和肝坏死，出现神经症状，免疫力下降。

（2）接雏准备与接雏。接雏准备工作是根据雏鸡的生理需求和生理特点展开的。雏鸡入舍前 15h 把育雏舍温度升至 35℃，每 3h 对育雏舍空间、墙壁、网架等喷雾消毒 1 次，使用两种以上低腐蚀性高效消毒药交替进行，在雏鸡入舍前把舍内相对湿度提高到 70%（在高温、高湿的环境中，消毒药的消杀效果会得到大幅提高，雏鸡入舍前要为雏鸡提供一个温暖、湿润、洁净的生存环境）。雏鸡入舍前 2h，上水上料（如果使用凉水应提前 4h 上水预温），保证雏鸡入舍时水温在 22℃左右；否则，会出现雏鸡拒饮或饮后发冷打堆。雏鸡采食和饮水的器具要充足，标准是雏鸡从任何地方出发步行 1m 以内能够找到水、料。

雏鸡入场后应立即卸车，快速进入鸡舍。雏鸡入舍后要单层摆放并掀掉雏鸡箱盖，因为育雏舍内温度较高，若雏鸡箱重叠摆放或不开盖，雏鸡箱内温度会在 10min 内超过 40℃。雏鸡入舍清点数量、记录初生重后即可放入网架中。

（3）早期管理。雏鸡放入网架后 30min 要观察其对温度的反应，即确定体感温度。因品种、种鸡日龄、舍内湿度、风速及鸡舍的密封性都会对雏鸡体感温度造成影响。雏鸡的体感温度应以雏鸡的舒适度为标准。观察雏鸡的表现，正确的体感温度是雏鸡活泼好动，不张口呼吸，也不靠近热源或挤堆，通过观察鸡群表现调整育雏舍内温度，待确认雏鸡的体感温度以后，将此温度作为 72h 的恒定温度。

雏鸡入舍 4h 后，用手触摸其嗉囊检查雏鸡开食情况，8h 后再次检查雏鸡开食情况，如雏鸡入舍 8h 后还有部分雏鸡嗉囊是空的，则应立即检查舍内温度、湿度、光照、密度是否合理，水盘、料盘是否充足，排除影响因素，确保雏鸡入舍 20h 内全部开水开食成功。

雏鸡入舍前 3d 保持 24h 光照，光照度为 20lx。每天上料次数不低于 10 次，保持少喂勤添，每天清洁饲喂器具 2 次。

雏鸡从 1 日龄开始对声音敏感，喜欢追逐声音源，所以鸡场应保持静音管理。舍内可通过雏鸡这一特性引导鸡群跑动，以利于雏鸡健康，同时可以发现弱雏，进行淘汰。

雏鸡前 72h 管理要保持各种环境条件相对稳定，使雏鸡卵黄吸收迅速，顺利从卵黄营养过渡到肠道营养，为下一环节管理打下良好基础。

4. 肉鸡生产作业日程表（1～14 日龄）　进雏前 5d 熏蒸消毒。关闭门窗和通风孔，为提高熏蒸消毒效果，应使舍温达到 24℃以上，相对湿度达到 75％以上。用药量按每 200m³ 空间用 500g 三氯异氰尿酸粉烟熏消毒。

进雏前 4d 熏蒸 24h 后打开门窗和通气口，充分通风。注意：进出净化了的区域必须消毒，更换干净的衣服和鞋，搬入的物品也必须是消过毒的。每栋鸡舍门口都要设消毒池（盆）。

进雏前 2d 关闭门窗，准备和检查落实进雏前的一切准备工作，包括保温措施、饲料、药品、疫苗、煤等。

冬春季节，进雏前 1d，鸡舍开始预热升温，注意检查炉子是否可正常使用，有无漏烟、倒烟、回水现象，有无火灾隐患。

进雏前 12h 开始生火预热，使舍温和育雏器温度达到要求，铺好垫料、饲料袋皮，准备好雏鸡料、红糖或葡萄糖、复合维生素和药品，设置好雏鸡的护栏。

（1）1～2 日龄。

①在进雏前2h将饮水器装满20℃左右的温开水，水中可加5%的红糖或葡萄糖、适量复合维生素和黄芪多糖，恩诺沙星或其他抗生素通过拌料给药，对运输距离较远或存放时间太长的雏鸡，饮水中还需加适量的补液盐。添水量以每只鸡6mL计，将饮水器均匀地分布在育雏器边缘。

②注意温度状况，育雏温度稳定在34～36℃。注意通风，保持鸡舍相对湿度在70%。如有雏鸡"洗澡"现象，应适当降低室内温度。

③进雏后，清点雏鸡，同时将雏鸡安置在育雏器内休息。待雏鸡开始活动后，先教雏鸡饮水，每100只鸡中抓5只，将其喙按入水中，1s左右后松开。

④雏鸡饮水2～3h后，开始喂料，将饲料撒到垫纸上，少给勤添，每2h喂一次料。第1次喂料以每只鸡20min吃完0.5g为度，以后逐渐增加。

⑤60W灯泡，22h光照。

⑥注意观察雏鸡的动态，密切注意舍内的温度、通风状况和湿度，以判断环境是否适宜。

⑦喂料时注意检出没有学会饮水采食的雏鸡，将其放在适宜的环境中设法调教，挑出弱雏病雏及时淘汰。

⑧在2日龄后，在饮水中添加抗生素，不再添加复合维生素。

⑨注意观察粪便状况，粪便在报纸上的水圈过大是雏鸡受凉的表现。发现雏鸡腹泻时，应立即从环境控制、卫生管理和用药上采取相应措施。

⑩2日龄时在饮水器底下垫上一块砖，有利于保持饮水的卫生和避免饮水器周围的垫料潮湿。注意饮水和饲料卫生，每天刷洗饮水器2～3次。

⑪注意填写好工作记录。

（2）4～6日龄。

①注意观察鸡群的采食、饮水、呼吸及粪便状况。

②注意鸡舍内环境的稳定。

③清理更换保温伞内的垫料，扩大保温伞（棚）上方的通气口。

④清扫舍外环境并用2%氢氧化钠消毒，注意更换舍门口消毒池内的消毒液。

⑤改进通风换气方式，每1～2h打开门窗30～60s，待舍内完全换成新鲜空气后关上门窗。

⑥改成每天喂料6次，3d之内逐步转换成用料桶喂料。

⑦温暖季节饮水器中可以直接添加凉水，水中按说明比例添加二氧化氯等消毒药，注意消毒药的比例一定要正确。

⑧开始逐渐降低育雏温度，每天降0.4～0.6℃。

a. 必须逐渐降温。

b. 降温速度视雏鸡状态和气候变化而定。

c. 白天可以降得多一些。

⑨注意观察雏鸡有无接种疫苗后的副反应，如果精神状态等有反应，应该将舍温提高 $1\sim2℃$，并在饮水中连续 3d 加入黄芪多糖、抗生素。

⑩舍内隔日带鸡喷雾消毒 1 次，消毒液用量为 $35\mathrm{mL/m^2}$，浓度按消毒药说明书配制，消毒药选用聚维酮碘或双链季铵盐络合碘。

⑪根据鸡群活动状况逐渐扩大护围栏。

⑫22h 光照。

（3）7～9 日龄。

①接种新城疫、禽流感二联灭活联苗，每只雏鸡 0.3mL，颈部皮下注射。

②接种新城疫、传染性支气管炎、肾型传染性支气管炎弱毒疫苗，滴鼻、点眼，每只鸡 2 头份。免疫时抓鸡要轻，待疫苗完全吸入鼻孔和眼中后才放鸡。接种当天的饮水中不加消毒药，可适当添加复合维生素。

③周末称重。14：00，抽样 2% 或 100 只鸡称重。为使称重的鸡具有代表性，在鸡群活动开后，从 5 个以上点随机取样，逐只称重。

④计算鸡群的平均体重和均匀度，检查总结一周内的管理工作。

⑤完全用料桶喂鸡，每天 4～5 次。

⑥换用 15W 灯泡，光照时间由 22h 改为 20h。

⑦隔日舍内带鸡消毒 1 次，周末对舍外环境清扫消毒。

⑧在控制好温度的同时，逐步增加通风换气量，注意维持环境的稳定。

⑨调节好料桶与饮水器的高度。

（4）10 日龄。

①撤去护围栏。

②夜间熄灯后仔细听鸡群内有无异常呼吸音。

③日常管理同前，控制好温度，注意通风换气。

（5）11～13 日龄。

①注意日常管理，注意降温和通风换气。

②注意观察鸡群有无呼吸道症状、有无神经症状、有无不正常的粪便。

③注意肉鸡腺胃、肌胃炎和肠毒综合征的预防控制。

④更换雏鸡休息的保温伞（棚）内的垫料。

（6）14 日龄。

①根据鸡群的生长状况，可将光照时间控制在 20h 以内。

②法氏囊疫苗 B87 饮水免疫。

③饮水中加水溶性复合维生素。

④鸡群称重。方法同第 1 次，根据平均体重和鸡群均匀度分析鸡群的管理状况。

5. 商品肉鸡科学饲养要点分析　　现代商品肉鸡要求快速养殖成品出售，养殖户想要提高肉鸡的养殖速度就必须采用科学的饲养方法解决。近几年，有肉鸡养殖户在生产实践中摸索出一种养殖方式，可推动肉鸡养殖业高效发展。

具体做法如下：

（1）坚持一个理念。即"全进全出"的饲养理念。即同一栋鸡舍内饲养同一日龄的雏鸡，出售时同一天全部出场。优点是便于采用统一的温度、同一标准的饲料，出场后便于统一打扫、清洗和消毒，便于有效地杜绝循环感染。鸡舍熏蒸消毒后应封闭1周再接养下一批雏鸡。"全进全出"制饲养比"连续生产"制饲养增重快，耗料少，死亡率低，生产效益高。

（2）遵循两条原则。

①科学选雏的原则。农户饲养肉雏鸡大都依靠外购，而从外面购入的雏鸡质量对育雏的效果影响很大，并直接影响养殖效益。为提高育雏成活率，购雏时必须严把质量关，严格挑选，确保种源可靠、品种纯正和鸡苗健康。挑选雏鸡时，除了注重品种优良以外，还必须保证种鸡来自非疫区。选择良种鸡可以通过"一看、二摸、三听"的方法来鉴别。一看：看雏鸡的羽毛是否整洁，喙、腿、翅、趾有无残缺，动作是否灵活，眼睛是否正常，肛门有无白粪黏着。一般健康雏鸡两腿站立坚实，羽毛富有光泽，肛门清洁无污物。二摸：将雏鸡抓握在手中，触摸膘肥程度、骨架发育状态、腹部大小及松软程度、卵黄吸收程度和脐环闭合状况等。一般健康雏鸡体重适中，握在手中感觉有膘，饱满，挣扎有力，腹部柔软，大小适中，脐环闭合良好，干燥，其上覆盖绒毛。三听：听雏鸡的叫声，来判断雏鸡的健康状态。一般健康雏鸡叫声洪亮而清脆。

②公母分群的原则。公母雏鸡生理基础不同，因而对生活环境、营养条件的要求和反应也不同。主要表现为：生长速度不同，4周龄时公雏鸡比母雏鸡体重高13%，6周龄时高20%，8周龄时高27%；沉积脂肪的能力不同，母雏鸡比公雏鸡容易沉积脂肪；对饲料要求不同；羽毛生长速度不同，公雏鸡长羽慢，母雏鸡长羽快；表现出胸囊肿的严重程度不同；对湿度的要求也不同。

公母雏分群后应采取下列饲养管理措施：母雏鸡生长速度在7周龄后相对下降，而饲料消耗急剧增加。因此，应在7周末出售。公雏鸡生长速度在9周龄以后才下降，所以应到9周龄时出售才合算。公雏鸡能更有效地利用高蛋白质日粮，前期日粮中蛋白质水平应提高到24%～25%；母雏鸡则不能利用高蛋白质日粮，而且会将多余的蛋白质在体内转化为脂肪，很不经济。若在饲料中添加赖氨酸，公雏鸡反应迅速，饲料效益明显提高，母雏鸡则反应效果很小。由于公雏鸡羽毛生长速度慢，所以前期需要稍高的温度；后期公雏鸡比母雏鸡怕热，温度宜稍低一些。因为公鸡体重大，胸囊肿比较严重，故应给予更松软更厚的垫草。

（3）抓好三期饲养。

①育雏期（0～3周龄）。饲养目标就是使各周龄体重达标。据资料介绍，1周龄末体重每少1g，出栏时体重将少10～15g。为了让1周龄末的体重达标，第1周要喂高能量、高蛋白质日粮：能量不低于13.37MJ/kg，蛋白质含量要达到22%～23%，应在日粮中及时添加维生素。2～3周要适当限饲，以防止体重超标，从而降低腹水症、猝死症和腿疾的发生率，此期的饲料中蛋白质含量不能低于21%，能量保持在12.46～13.37MJ/kg。

②中鸡期（4～6周龄）。是肉鸡骨架成形阶段，饲养重点是提供营养平衡的全价日粮，此期饲料中的蛋白质含量应达到19%以上，能量维持在13.38MJ/kg左右。

③育肥期（6周至出栏）。为加快增重，饲料中要提高日粮能量浓度，可以在日粮中添加1%～5%动物油脂，此期饲料中蛋白质含量可降至17%～18%。

（4）解决3个问题。

①胸囊肿的问题。就是肉鸡胸部皮下发生的局部炎症，是肉仔鸡常见的疾病。它不传染也不影响生长，但影响胴体的商品价值和等级。应该针对其产生的原因采取有效的预防措施：一是尽量使垫草干燥、松软，及时更换板结、潮湿的垫草，保持垫草应有的厚度。二是减少肉仔鸡卧地的时间，肉仔鸡一天当中有68%～72%的时间处于俯卧状态，俯卧时体重的60%左右由胸部支撑，胸部受压时间长、压力大，胸部羽毛又长得慢、长得晚，故容易造成胸囊肿。因此，应采取少喂多餐的方法，促使肉鸡站起来采食活动。三是若采用铁网平养或笼养，应加一层弹性塑料网。

②腹水症的问题。是一种非传染性疾病，其发生与缺氧、缺硒及某些药物的长期使用有关。

控制肉鸡腹水症发生的措施：一是改善通风条件，特别是密度大的情况下，应注意鸡舍通风换气。二是防止饲料中缺硒和维生素。三是发现轻度腹水症时，应在饲料中补加维生素C，用量为0.05%，同时对环境和饲料做全面检查，采取相应的措施来控制腹水症的发生。8～18日龄只喂给正常饲料量的80%左右也可防止腹水症发生。

③腿病的问题。随着肉仔鸡生产性能的提高，腿部疾病的严重程度也在增加。引起腿病的原因有很多，归纳起来有以下几类：遗传性腿病，如胫骨软骨发育异常、脊椎滑脱症等；感染性腿病，如化脓性关节炎、鸡脑脊髓炎、病毒性腱鞘炎等；营养性腿病，如脱腱症、软骨症、维生素B_2缺乏症等；管理性腿病，如风湿性和外伤性腿病。预防肉仔鸡腿病应采取以下措施：一是完善防

疫保健措施，杜绝感染性腿病的发生。二是确保微量元素及维生素的合理供给，以避免因缺乏钙磷而引起软脚病；缺乏锰、锌、胆碱、尼克酸、叶酸、生物素和维生素 B_6 等所引起的脱腱症；缺乏维生素 B_2 引起的卷趾病。三是加强管理，确保肉仔鸡舒适的生活环境，避免因垫草湿度过大、脱温过早以及抓鸡的方法不当而造成脚病。

（六）肉鸡的精准饲喂

1. 肉鸡饲料配方

（1）肉雏鸡的饲料配方。①玉米 55.3%，豆粕 38%，磷酸氢钙 1.4%，石粉 1%，食盐 0.3%，油 3%，添加剂 1%。②玉米 54.2%，豆粕 34%，菜粕 5%，磷酸氢钙 1.5%，石粉 1%，食盐 0.3%，油 3%，添加剂 1%。③玉米 55.2%，豆粕 32%，鱼粉 2%，菜粕 4%，磷酸氢钙 1.5%，石粉 1%，食盐 0.3%，油 3%，添加剂 1%。

（2）肉中鸡的饲料配方。①玉米 58.2%，豆粕 35%，磷酸氢钙 1.4%，石粉 1.1%，食盐 0.3%，油 3%，添加剂 1%。②玉米 57.2%，豆粕 31.5%，菜粕 5%，磷酸氢钙 1.3%，石粉 1.2%，食盐 0.3%，油 2.5%，添加剂 1%。③玉米 57.7%，豆粕 27%，鱼粉 2%，菜粕 4%，棉粕 3%，磷酸氢钙 1.3%，石粉 1.2%，食盐 0.3%，油 2.5%，添加剂 1%。

（3）肉大鸡的饲料配方。①玉米 60.2%，麦麸 3%，豆粕 30%，磷酸氢钙 1.3%，石粉 1.2%，食盐 0.3%，油 3%，添加剂 1%。②玉米 59.2%，麦麸 2%，豆粕 22.5%，菜粕 9.5%，磷酸氢钙 1.3%，石粉 1.2%，食盐 0.3%，油 3%，添加剂 1%。③玉米 60.7%，豆粕 21%，鱼粉 2%，菜粕 4.5%，棉粕 5%，磷酸氢钙 1.3%，石粉 1.2%，食盐 0.3%，油 3%，添加剂 1%。

（4）注意事项。肉鸡饲料必须含有较高能量和蛋白质，适量添加维生素、矿物质，最好在肉鸡的不同生长阶段采用不同的全价配合饲料，不限制饲喂量，任其自由采食，每天定时加料，添料量不要超过饲槽高度的 1/3，以免啄出浪费。不喂霉烂变质的饲料，并保证新鲜清洁充足的饮水。在开食前的饮水中加入 5%~10% 的葡萄糖或蔗糖有利于雏鸡体力恢复和生长。肉鸡从雏鸡到出栏，在不同的生长发育阶段对营养素的需求不同，根据各个生长阶段的特点和营养需求，进行科学的配制是肉鸡健康、快速生长的基础。

2. 肉鸡的分段饲喂技术　一般肉鸡的饲养都是群养，让鸡自由采食，其中将肉鸡分段饲养可以取得很好的饲养效果，而且还可以降低饲养成本，提高饲料转化率。刚出壳的雏鸡绒毛短而稀，且体温比成年鸡低 3℃ 左右，4 日龄后体温逐渐升高，10 日龄达到成年鸡的体温。雏鸡胃肠容积小，对食物的消化能力差，但生长发育快。因此，生产中依据这些生理特点以及生长规律，可将肉鸡的饲养管理分为以下 3 个阶段：第 1 阶段 0～14 日龄；第 2 阶段 15～25 日龄；第 3 阶段 36 日龄至出栏。

（1）各阶段的饲养技术要点。

第 1 阶段：此阶段由于雏鸡刚从孵化室转到育雏室，有的鸡还会经过储存或长途运输，经受了饥渴和颠簸等应激，处于新的生活环境，因此此阶段的饲养管理要点是尽快让雏鸡适应新的生活环境，减少应激，降低疾病的发生率，提高生长速度。因为肉鸡 7 日龄的体重与出栏体重呈较大的正相关。

第 2 阶段：此阶段雏鸡已基本适应了新的生活环境，逐渐进入快速生长期。因此，此阶段的主要任务是提高雏鸡体质，促进鸡体骨骼的形成，促进雏鸡内脏器发育和腿部健壮有力，为下一阶段的生长发育打下坚实基础，促进后期快速生长发育，少患疾病。试验表明，对 14 日龄后的肉鸡限饲 3 周，可明显地提高饲料的有效利用率和肉鸡的成活率。这一阶段肉鸡生长受到的抑制可在第 3 阶段得到充分有效的补偿。

第 3 阶段：此阶段肉鸡的体架已经形成，且体质健壮、代谢旺盛。此时的技术要点是采取一切有效措施促进肉鸡采食和消化吸收，降低机体消耗，使饲料转化率达到最大值。

（2）各阶段的具体饲养管理措施。

第 1 阶段：给雏鸡提供高质量的、充足的饮水（最好是 18～22℃ 的温开水），并供给体积小、易于消化吸收的全价配合饲料。饲料添加量以占食槽容积的 1/3～1/2 为好。第 1 天采用 24h 光照，光照度 40lx，以后逐渐减少光照时间直至过渡到自然光照。试验表明，渐减光照然后渐增的光照方式可在一定程度上促进肉鸡内脏器官的发育和骨骼的钙化，使肉鸡保持良好的健康状况，同时还可以使肉鸡在后期进行补偿性生长，有效地降低疾病的发生率。

第 2 阶段：根据肉鸡的生长情况，适当加大饲料粒度，降低饲料中能量和蛋白质的含量，一般可降低 10% 左右，但饲料中的各种维生素、矿物质要按标准要求供给。每天定时喂 3 次。主要是注意运动，如晚上用竹竿轻轻驱赶仔鸡，以提高其运动量，达到锻炼内脏器官的目的，同时又可以减少胸部压力的刺激。适当增加光照度和时长，有利于鸡只运动，可减少疾病的发生。

第 3 阶段：要供给优质的育肥饲料，营养全价，能量高，蛋能比合适。配合饲料时要注意以下三点：一是原料要多样化和低纤维化；二是添加 3%～5% 的动植物油；三是要尽量采用颗粒饲料。饲喂次数应由原来的3次增加到5次，或者采用自由采食的方式，保持槽内不断料，满足鸡自由采食的要求。管理方面：在不影响鸡群健康的情况下，要减少运动量，并配合低光照度。密度过大，则限制采食影响肉鸡休息，致使鸡群生长不均匀，同时又会造成室内空气混浊，诱发疾病。因此，饲养密度一定要合适，一般情况下冬季适宜的饲养密度为 12～15 只/m²，保持室内空气清新，使温度保持在 18℃ 左右，相对湿度保持在 55％ 左右为宜。

三、饲养管理因素对牛生长发育的影响

（一）奶牛的营养需要

1. 干物质需要　干物质进食量是配合奶牛日粮的一个重要指标。如果高产奶牛的干物质进食量不能满足其对能量、蛋白质的需要，将导致体重下降，继而产奶量减少。决定奶牛干物质进食量的因素包括体重、产奶量、泌乳阶段、环境条件、管理技术、饲养水平、体况、饲料类型与品质（也包括粗饲料的类型与品质）等。

干物质进食量在泌乳早期最低，仅为体重的 1％～1.5％，在泌乳前 3 周比泌乳后期平均低 15％～18％。产奶高峰一般为产后 4～8 周，而最大干物质进食量一般在产后 10～14 周。假如母牛的日粮蛋白质水平低于最适量或日粮蛋白质降解率不是最适值，则干物质进食量也不会达到最高值。最大干物质食量比泌乳高峰向后延迟，引起母牛在泌乳早期能量负平衡，因此母牛动用体组织特别是体脂产奶，以克服能量的不足，这就会导致体重下降。

饲养正常的高产奶牛，其最大干物质进食量可达体重的 3.8％～4.5％，特殊高产牛可达 5％～6％。

奶牛仅以玉米青贮为日粮时，其进食量为体重的 2.2％～2.5％，而仅喂优质豆科干草时，则为其体重的 3％。在玉米青贮中补充蛋白质饲料、尿素或氨化物时，其进食量可增加。

干物质进食量的计算：

（1）泌乳牛日粮精饲料与粗饲料比例为 60∶40 时，干物质进食量的计算公式如下：

$$干物质进食量 = 0.062 \times 体重^{0.75} + 0.4 \times 标准乳产量$$

例如，体重为 600kg 的奶牛，日产标准乳 20kg，则其干物质进食量（kg）等于 $0.062 \times 600^{0.75} + 0.4 \times 20 = 0.062 \times 121.23 + 8 = 7.52 + 8 = 15.52$（kg）。则其干物质进食量为 15.52kg。

体重$^{0.75}$ 的算法：可使用带函数运算的计算器。以计算 $600^{0.75}$ 为例，其操作是：接下数字键 600 后，按 ×y 键，再按数字 0.75，最后按 "＝"，即得。

（2）泌乳牛日粮精饲料与粗饲料比例为 50∶50 和日产奶量高于 35kg 的高产奶牛干物质进食量的计算公式如下：

$$干物质进食量 = 0.062 \times 体重^{0.75} + 0.45 \times 标准乳产量$$

例如，体重为 700kg 的高产奶牛，每日产标准乳 40kg，则其干物质进食量等于 $0.062 \times 700^{0.75} + 0.45 \times 40 = 0.062 \times 136.09 + 0.45 \times 40 = 8.44 + 18 = 26.44$（kg）。则该高产奶牛每天干物质进食量为 26.44kg。

（3）干奶母牛在日粮产奶净能为 5.23MJ/kg 情况下，其干物质进食量按每 100kg 体重 1.55～1.66kg 计算。例如，650kg 体重的干奶牛，其每天干物质进食量为 $6.5 \times 1.55 = 10.8$（kg）或 $6.5 \times 1.66 = 10.79$（kg）。

2. 能量需要

（1）维持及产奶需要。中国奶牛饲养标准中奶牛的维持和产奶的能量均用产奶净能这个指标，这是因为奶牛对于代谢能转化成维持和产奶净能的效率十分近似，为了便于应用，两者均用同一个指标。

①维持需要。温度变化对维持需要有影响：在 18℃ 的基础上每天每头奶牛的维持需要为 0.356×代谢体重（MJ），当温度下降 1℃ 时，则产热每天增加 2.51kJ。按此推算，则在 5℃ 时为 0.389×代谢体重（MJ）；0℃ 时为 0.402×代谢体重（MJ）；－5℃ 时为 0.411×代谢体重（MJ）；－10℃ 时为 0.427×代谢体重（MJ）；－15℃ 时为 0.439×代谢体重（MJ）。

维持净能的计算公式如下：

$$维持净能 = 0.356 \times 体重^{0.75}$$

②不同胎次母牛的维持需要。由于 1 胎和 2 胎母牛还在生长发育，故 1 胎牛的维持需要增加 20%，2 胎牛增加 10%。3 胎以上则不增加。

③产奶需要。我国奶牛饲养标准定为每千克标准乳的能量为 3 138kJ。

常乳中所含能量的计算公式如下：

$$产奶净能 = 342.65 + 99.26 \times 乳脂\%（1989 中国奶牛饲养标准）$$

将以上公式所得数值再乘以 4.184 即可将千卡*换算成千焦。

（2）成年母牛增重需要。每增加 1kg 体重需要产奶净能 25.1MJ。减重用于产奶的利用率为 82%，故每减重 1kg 能产生 20.59MJ 产奶净能，即产 6.56kg 标准乳。

（3）妊娠后期需要。按母牛胎儿生长发育每增 4.184MJ 妊娠能量大约需 20.38MJ 产奶净能，故妊娠第 6、第 7、第 8、第 9 个月时，每天需要在维持基础上分别增加 4.184MJ、7.113MJ、12.55MJ 和 20.92MJ 产奶净能。

3. 蛋白质需要

（1）维持需要。

$$粗蛋白质 = 3.35 \times 体重^{0.75}$$

（2）产奶需要。每千克标准乳以 85g 粗蛋白质较适宜。

---

* 卡为非法定计量单位，1 卡≈4.184J。——编者注

（3）成年母牛增重需要。在维持基础上，每增重 1kg 需要 320g 粗蛋白质。而每减重 1kg，则可提供 320g 粗蛋白质用于产奶。

（4）妊娠后期需要。在维持基础上，妊娠第 8 个月和第 9 个月母牛每天每头分别增加粗蛋白质 420g 和 668g。

（5）生长母牛需要。包括维持所需粗蛋白质在内，犊牛在哺乳期间其日粮粗蛋白质水平为 22%，3～6 月龄、7～12 月龄、13～18 月龄的生长母牛日粮粗蛋白质水平分别为 16%、14% 和 12%。1～6 月龄的犊牛粗蛋白质水平为 20%～24%。

4. 粗纤维需要 奶牛日粮中要含有 15%～17% 的粗纤维。一般高产奶牛日粮中要求粗纤维含量为 17%，干奶期和妊娠末期牛的日粮中粗纤维 20%～22%。

粗纤维的给量以占日粮干物质的百分比计算。①3～6 月龄犊牛为 13%；②7～12 月龄、13～18 月龄和 18 月龄以上生长牛为 15%；③泌乳早期和日产奶量 7～30kg 的泌乳牛为 17%～20%；④干奶牛为 22%。以上粗纤维供给量均为最低量。

5. 水的需要 牛的饮水量受干物质进食量、天气条件、日粮组成、水的质量和牛的生理状况的影响。牛的饮水量与干物质进食量呈正相关。相同的环境和生理状况下，大体型牛的干物质进食量大于小体型牛，故随着体重的增加饮水量也增加。哺乳犊牛进食每千克干物质需水量高于饲喂干饲料的成年牛。环境温度为 $-17～27℃$ 时，牛的估计饮水量为每进食 1kg 干物质 3.5～5.5L，而犊牛为 4～6.5L。成年母牛饮水量还受饲料种类、产奶量的影响。一头大型奶牛每天产奶 10～15kg，饲喂干饲料及多汁饲料时，每天约可饮水 45L。研究证明，在一般情况下，干奶母牛每天需饮水 35L；日产奶量为 15kg 的母牛每天需饮水 50L；日产奶量为 40kg 左右的高产母牛每天需饮水约 100L。

（二）生长奶牛各阶段的饲养管理

1. 犊牛的饲养管理

（1）初生犊牛的护理。

①清除黏液。犊牛出生后，首先应清除口及鼻孔的黏液，以免妨碍其呼吸，若已吸入黏液而造成呼吸困难时，可将犊牛吊挂并拍打其胸部，使之吐出黏液；其次是擦净其体躯上的黏液，以免受凉，特别是气温较低时。

②断脐带。距犊牛腹部 10～12cm 处用消毒剪刀剪断脐带，挤出脐带中的黏液并用碘酊充分消毒，以免发生脐炎。

③喂初乳。初乳是母牛产犊后 7d 内所分泌的乳，其色深黄而黏稠，比常乳的总干物质多，在总干物质中，除乳糖较少外，其他含量都较常乳高，尤其

是蛋白质、灰分和维生素 A 的含量。在蛋白质中含有大量免疫球蛋白，它对增强犊牛抗病力起关键作用；初乳中有较多的镁盐，有助于胎便排出；同时较高的维生素 A 和胡萝卜素含量对犊牛的健康与发育也有重要作用。因此，应让犊牛在生后 1h 内吃到初乳。

（2）犊牛的饲养。

①犊牛的哺育。犊牛出生后 1h 内喂初乳，每天喂量为体重的 10%～16%，第 4 天开始可喂全乳。在喂代乳料的情况下，1 月龄的日增重会稍低些，但生长正常，同时至 3～4 月龄时体重可达到正常水平。采用早期断奶的应早教犊牛采食犊牛料，使其在断奶时能日采食 0.75kg。

②早期断奶。不仅不影响犊牛生长发育，而且可节约大量全乳，满足市场需要，也大大降低后备牛的培育成本。其方法简单，但要求犊牛基本健康，饲养管理细致，注意卫生。

③饲喂抗生素。出生后的犊牛必须吃到足够初乳，若初乳不足，可注射维生素 A、维生素 D_3、维生素 E 混合剂，第 2 天以后每天给予 250mg 的金霉素，溶于全乳和代乳品中，在每天早晨喂乳时一次喂给，连续 1 周。

（3）犊牛的管理。

①预防疫病。发病率高的时期是出生后的头几周，主要是肺炎和腹泻。肺炎是环境温度骤变引起的，而腹泻则是多科疾病所表现的临床症状之一，有时患肺炎时也并发腹泻。犊牛在哺乳期所发生的腹泻分为与营养有关的营养性腹泻和因病原菌感染而发生的腹泻两大类。病原菌感染的腹泻是由奶具、饲槽不洁及畜栏卫生上的缺陷所造成的，因此每次饲喂后，奶具和饲槽必须刷洗及清扫干净。营养性腹泻与全乳及代乳品的质量和用量有关，如一次喂量过多，全乳的品质不良（乳腺炎乳或酮病乳），代乳品品质不良（糖类、蛋白质的质和量不符合要求，油脂的品质不良或添加剂量不足等），代乳品的稀释浓度不适宜、乳的温度过低等，对这些不利因素应足够重视，及早预防可大大降低营养性腹泻的发病率。若因哺乳不当或腹部受凉等引起不严重的腹泻，一般可减少喂乳量并喂适量的温开水，以减轻消化道的负担，若 1～2d 不见效，则必须采取医疗措施。

②刷拭。对犊牛每天必须刷拭一次，因皮肤易被粪及尘土所黏附而形成皮垢，不仅降低皮毛的保温与散热力，使皮肤血液循环恶化，而且也易患病。

③称重及标识管理。必须根据育种的需要，在一定的年龄和时期进行，但无论对哪一头牛，初生重都是必不可少的，即在犊牛生后第 1 次吃初乳以前，予以称重，同时为了避免管理混乱，还应进行编号。

④去角。有利于管理，时间是在生后的 7～10d。方法：将生角基部的毛剪去后，在去毛部的外围有毛处用凡士林涂一圈，以防药液流出伤及头部及眼

部。然后用棒状氢氧化钾或氢氧化钠稍湿水后涂擦角基部，至表皮有微量血渗出为止，或用电烙铁烧烙，待呈白色时再涂以青霉素软膏或硼酸粉。

⑤运动与放牧。从 8～10 日龄起，犊牛即可开始在舍外的运动场做短时间运动，以后可逐渐延长时间。但在 40 日龄前，犊牛对青草的采食量极少，此时期主要是运动。运动对提高犊牛的采食量和促进其健康发育很重要。场内要有充足的饮水供应，在夏季必须有遮阳设施。

⑥犊牛舍内部设备。小规模系养式的母牛舍内一般都设有产房及犊牛栏，但不另设犊牛舍。规模大的牛场或散放式牛舍才另设犊牛舍及犊牛栏。犊牛栏可分为单栏和群栏。犊牛出生后，即在靠近产房的单栏中饲养，每犊一栏，隔离管理，一般 1 月龄后才过渡到群栏。犊牛出生患病的可能性较大，分养使犊牛间相互感染疾病的机会减少。群栏饲养的犊牛，其月龄应一致或相近。不同月龄的犊牛除在饲料条件的要求上不同以外，对环境温度的要求也不相同，若混养对犊牛健康不利。

2. 育成牛的饲养管理 育成牛因为不产奶，在初期又未妊娠，也不像犊牛一样易患病，往往得不到应有的重视，以致达不到培育的预期要求。因此，在育成时期的管理虽较犊牛期粗放，但是在营养水平上不能降低。此外，第 1 次产犊前的乳腺发育又与终生泌乳量有关，因此哺乳期的终止并不意味着培育的结束，而在体型、体重、产奶及适应性培育方面的意义则较犊牛期更为重要。

(1) 舍饲饲养。

①断奶到 12 月龄。是生理上生长最快的时期，日增重较大，尤其是在 6～9 月龄。必须利用此时期能较多利用粗饲料特点，尽可能利用一些青粗饲料（干草、青草，饲喂量为体重的 1.2%～2.5%）。但在初期瘤胃容量有限，即使采食足够的青粗饲料也不一定能满足牛生长发育的需要。因此，在 1 岁以后的后备牛，仍需喂给适量的精饲料。精饲料的数量、质量或能量和蛋白质的含量则视青粗饲料的质量和采食量而定。

②12 月龄至初次配种。12 月龄后，育成牛消化器官的发育已接近成熟，同时又无妊娠或产奶的负担，因此如能吃到足够的优质粗饲料就基本上能满足营养的需要。粗饲料质量差时要适当补喂少量精饲料。混合精饲料的组成可参照标准，合理搭配，适口性要好。

③育成母牛由受胎至第 1 次产犊时。当育成牛受胎后，一般情况下，仍按育成牛饲养，仅在分娩前 2～3 月才加强饲养。这时由于胎儿迅速增大，同时准备泌乳，需要增加营养，尤其是对维生素 A 和钙、磷的储备。为此，在此期应给予品质优良的粗饲料，精饲料的量应根据育成母牛的膘情逐渐增加至 4～7kg，使其适应产后大量饲喂精饲料的需要，但也不宜过肥。

（2）育肥牛的管理。

①育成母牛的初次配种。育成母牛配种时间应根据年龄和发育情况而定。妊娠并不影响母牛的生长速度，而泌乳影响母牛的增重，当母牛尚未达到一定的体重时即配种受胎，在分娩后除满足产奶需要外，就没有足够的营养用来满足增重的需要，从而导致成年体重过低。相反，如配种过晚，虽然第 1 胎的产奶量可较配种早的稍多，但从终生产奶量上来衡量未必有益。一般母牛达成年体重的 70% 时方可配种。

②受胎后的管理。对于初次受胎母牛，经常通过刷洗、按摩等与其接触，使其养成温驯的习性，但防止跑跳，易引起流产。妊娠中、后期，按摩乳房或用温水清洗乳房，可促进乳腺发育，提高产奶量，并为产后挤奶打下良好基础。

③育成牛舍内部设备及管理要求。育成牛舍与成年牛舍基本相同，只是没有挤奶装置和牛奶处理场所。为减少从运动场带进泥土及粪便，舍内地面的铺设应延伸到舍外 5～6m，饲喂粗饲料及饮水尽可能在舍外，所以可在运动场上设置饲槽及饮水槽。由于牛饮水不集中，故饮水槽数量为饲槽半数即可。运动场须具有一定面积，约 9m²/头，而有一定的向外倾斜度，以利雨水排出。

3. 奶牛的饲养管理　发展奶牛业，必须选育和科学饲养管理并重，才能不断提高牛群质量，同时青粗饲料是构成奶牛日粮的必要基础，必须彻底解决优质青粗料的全年均衡供应问题，同时合理补充精饲料，才能做到科学饲养。

（1）妊娠母牛饲养管理。胎儿前期（受精后 35～60d）是器官发生、形成的阶段，虽然增重不多，所需营养量也不大，但此期是胚胎发育的关键时期，这时营养不全或缺乏往往引起胚胎死亡或先天性畸形，蛋白质和维生素 A 不足，最可能引起早期死胎。胎儿增重主要在后期，特别是最后两三个月，不仅增重大，而且增重所需的营养物质也较多。同时，母体由于代谢增强，也需要较多的营养物质。这时营养不全或缺乏会导致胎儿生长慢、活力不足，同时也影响母牛的健康与生产，因此对于妊娠期，即干奶期前后的母牛饲养必须恰当。

（2）干奶期的饲养管理。泌乳牛在下次产犊前有一段停止泌乳的时间，这段时间称为干奶期，一般为 60d，是胎儿迅速生长发育、需要较多营养物质的阶段，也是进一步改善母牛营养状况，为下一泌乳期能更好、更持久地生产准备必要条件的时期，对犊牛的健壮、母牛分娩后泌乳性能的充分发挥，乃至防止产后泌乳量下降过速和产后瘫痪等都有重要作用。

①逐渐停奶法。首先从改变生活习惯开始，如改变挤奶次数、饲喂次数，改变日粮组成（或减少多汁饲料、糟粕饲料，多用干草），以抑制奶的分泌活动，需 1～2 周，缺点是停奶时间长，容易影响预定的干奶期。

②快速断奶法。达停奶之日时，认真按摩乳房，将奶挤净，将乳头抹干净以后即停止挤奶，同时保持垫草清洁，但此法对曾有乳腺炎史或正患乳腺炎的母牛不宜。

（3）干奶期饲养。干奶前期：自停奶之日起至泌乳活动完全休止，乳房恢复松软正常为止，一般需1～2周。原则：在满足干奶牛所需营养物质的前提下，使其尽早停止泌乳活动，最好不用多汁饲料及下脚料，如糟粕类，一般以青粗饲料为主，适当搭配精饲料。同时，注意卫生管理、加强运动、洗刷牛体时避免触摸乳房。

干奶后期：要求母牛特别是膘情稍差的母牛有适当的增重，至临产前体况丰满度在中上水平，健壮而不过肥，一般需6周左右。不能仅饲喂青粗饲料，必须加喂一定的精饲料，要随着胎儿和母体增长速度的加快而增加喂料量。同时，干奶后期喂适量精饲料可使瘤胃微生物群能更好地适应分娩后及时补喂精饲料的需要，分娩后能较早有效地利用较多精饲料，迅速提高产奶量，此时还可避免母牛泌乳初期不能大量利用精饲料而消瘦过快的情况，还可防止出现酮血病。

4. 干奶期管理

增加运动：可促进血液循环，利于健康，减少或防止肢蹄病及难产；同时增加光照，利于维生素D的形成，可防止产后瘫痪。

饲喂及畜体卫生：冬季饮水的温度最好介于10～19℃，不喂冷水和腐败、发霉饲料，以免流产；皮肤易生皮垢，每天刷拭以促进血液循环和人畜亲和。

加强初产牛的乳房按摩：初产母牛在妊娠后期，最迟在产前2～3个月，使其习惯泌乳牛管理，包括挤奶操作，以避免乳房肿胀和乳腺炎。

分娩前的管理：产前2周转入产房，使母牛习惯新环境，每牛一栏，不用系绳，任母牛在圈内自由活动；产栏事先清洁消毒，栏内垫清洁短草，仍按干奶后期喂饲计划执行。若天气晴朗，应放到产栏外的场地运动，产房地面不应光滑，以免滑倒。不能驱赶，以防出门时互相挤撞。

关于产前挤奶：在正常情况下无必要，若偶尔在产前遇到乳房及乳头过早充胀，甚至有红肿发热倾向的异常情况时可挤奶，以避免炎症、乳房变形或下垂等。产前挤奶是万不得已的措施，绝不应提倡，应加强产前的饲养管理，防止这种异常现象出现。

分娩后的管理：产后失水多，应喂给母牛温盐水或用热盐水加麦麸制成的稀粥，并供应优质青粗饲料，任其采食。一切清洁和饲喂工作结束后，即开始挤奶，使犊牛尽早饮到初乳。产后每次挤奶都应认真热敷和耐心按摩。高产牛每天应挤奶3次，必要时可挤奶4次或以上。

5. 泌乳牛的饲养

（1）泌乳早期。是整个泌乳期产奶量不断上升至达到最高峰的阶段，母牛产后产奶量逐渐增加，一般在产后 30～60d 达到高峰，高产牛较迟，一般于 50～60d 达到高峰，高峰期较平稳，下降速度较慢。产奶量占整个泌乳期产奶量的一半，此期是发挥母牛潜力、夺取高产的重要阶段，必须喂好母牛。

产后饲养原则：使母牛能安全地大量采食，尽早满足泌乳需要，尽可能少消耗体内储积的营养。

产后必须及时加强营养，营养要丰富且平衡，在充分供应优质青粗饲料的同时，随着产奶量的增加补喂精饲料，直到增料而产奶量不再上升后，才将多余的饲料量逐步降下来。

泌乳早期母牛体重的下降：对于泌乳母牛特别是高产牛，在泌乳早期补料很难满足它们的泌乳需要，是营养负平衡。体重下降不仅是体脂的消耗，也包括蛋白质和钙、磷的消耗，最高可达 120kg。虽然体重下降难以避免，但是饲养上应采取措施，尽量减慢下降速度，不然很难保持平稳有效的生产，所以产后应尽早补料。

（2）泌乳后期。按体重和泌乳量进行饲养，每 2 周按产奶量调整精饲料喂量一次，同时注意母牛膘情，凡早期体重消耗过多和瘦弱的，应适当比维持和产奶需要多喂，但绝不能过肥。虽然泌乳量下降是必然规律，但是不能放松饲养，更要注意饲粮配合和适口性，注意青粗饲料质量，保持母牛食欲旺盛和健康，争取产奶量尽可能较平稳地下降。

（3）组织泌乳牛日粮。

日粮保证质和量的满足：牛有利用青粗饲料的生理特点，必须解决好优质青粗饲料常年均衡供应。一般豆科比禾本科好，作为青粗饲料、青贮、青干草、低水分青贮要比秸秆好，同时维生素和矿物质含量丰富，利于牛的健康和生产。

配合日粮的目的是保证母牛生产潜力的发挥不受营养不足的限制，我国试行奶牛饲养标准 1kg 标准乳定 0.75Mcal 泌乳净能，推荐日粮应含蛋白质 13%。若青粗饲料以豆科为主，粗饲料本身含 14% 以上蛋白质，那么精饲料含 12% 粗蛋白质即可；若以禾本科青粗饲料为主，则精饲料蛋白质含量须达 25%，因此日粮组成要由青粗饲料的质量而定。因此，抓好青粗饲料质量、节约精饲料是生产上应重视的技术和经济措施。

日粮配合要适应采食量：饲粮适口性好，牛就能较多采食，如青干草适口性比秸秆好，种类多样化较单一化好；选择易消化、易发酵的饲料配饲粮，提高可消化性，如青干草、青贮饲料、大麦等；注意日粮容积和浓度，容积大，采食量就少，因瘤胃充满后就有饱感，不再进食；同时，饲粮应有轻泻作用，以防便秘。

饲料加工：谷实类以打碎或压碎为好，但青粗饲料不宜磨碎，以免影响消化率和乳脂率，同时建议使用全价混合饲料，可简化饲喂方法，节省劳力，节省基建投资，方便机械化和保证各种牛都能自由采食平衡饲粮，此法在肉牛上开始使用，奶牛养殖也逐渐开始应用。

（三）各期奶牛的饲养管理

1. 犊牛的饲养管理 要提高养牛的经济效益，就要做好犊牛的饲养管理工作。为提高犊牛成活率，最关键的两点是必须尽快使犊牛吃上优质初乳和提早开食。同时，做好妊娠母牛后期的饲养管理也是获得健康犊牛的前提。母牛分娩后 7d 内所分泌的乳称为初乳。犊牛生后 1h 内（自然或人工哺乳）应吃到初乳，第 1 次初乳喂量不可低于 1kg。初乳期 7d，日喂 2 次，日喂量一般 3.5kg/头，奶温 37～39℃。

初乳的特殊作用：①初乳除了营养价值极高外，还为新生犊牛提供母源抗体，以防多种感染，这些感染可导致犊牛腹泻甚至死亡。②初生犊牛由于胃肠黏膜尚不健全，对细菌的抵抗力很弱，而初乳可阻止部分有害细菌的侵袭。③初乳中含有溶菌酶和免疫球蛋白，能杀死多种致病微生物和抑制某病原菌的活动。④初乳的酸度高，可使胃液变成酸性，不利于有害微生物的繁衍，但有利于激活皱胃消化酶的活性，促使胃肠功能早日完善。⑤初乳中含有丰富的镁盐，有轻泻作用，可促进胎粪排出。⑥初乳中还含有丰富而易消化的营养物质。因此，犊牛出生后，要求尽早喂给初乳。

常乳期：常乳是指泌乳期第 7 天以后至干奶前所产的奶。犊牛结束初乳期后即转入常乳期，常乳采用奶壶或小奶桶进行人工哺乳。母犊哺乳期 3 个月，种用公犊哺乳期 4 个月，哺乳量每头每天 3.5kg，分上、下午喂给，奶温 37～39℃。哺乳用具用后即洗净消毒，保证卫生。

饲喂代乳品：优质代乳品可在初乳期过后立即饲喂。若犊牛体况不好，可暂缓饲喂。代乳品的使用应参考全乳喂量及产品说明。

饮水：犊牛初期后即可在运动场及栏内放置清洁饮水，任其自由饮用。

早期补料：在犊牛生后 15～20 日龄应调教其采食犊牛饲料及青绿饲料，两种饲料分开放置，任其自由采食。犊牛精饲料蛋白质含量不少于 16%，4 周龄起可喂多汁粗饲料。断奶后精饲料给量为每头每天 1.5～2kg。

初生犊牛的处理：犊牛出生后先清除口、鼻黏液，剥软蹄，用碘酒消毒脐带，然后称重、编号、记录，再移入犊牛栏人工哺乳。犊牛生后 5d 可并栏集中管理，有条件的最好单栏饲养。

栏舍卫生：犊牛舍要通风良好，保持干燥，牛栏每天打扫，定期消毒。

运动与放牧：犊牛从生后 5 日龄开始即可在舍外运动场自由运动，20 日龄起可跟群放牧，运动量逐渐增大。夏天中午应赶至阴凉处或水塘泡水。

人工哺乳犊牛的管理：喂乳时应用颈枷加以固定，喂完后揩掉其嘴边的残乳，并继续在颈枷上夹 10～15min，待吸乳反射兴奋下降后再放开，任其自由活动。

疾病预防：按兽医防疫规程，做好疫苗免疫接种和驱虫工作，平时记好兽医日记。每天兽医及饲养人员要观察牛的食欲、精神状态及粪便情况，以及时发现病牛、及早治疗。

定位与刷试：在犊牛哺乳期及断奶后的饲喂过程中均应进行定位调教，使其养成进枷采食的良好习惯。同时，也方便每天给犊牛刷拭或洗澡，做到人畜亲和，便于以后的管理。

称重测量：按育种规定测量断奶重，3 月龄、6 月龄体尺体重。

2. 育成母牛的饲养管理

（1）育成母牛的饲养。育成母牛是指 6 月龄以上至初产的阶段。

育成母牛饲养原则：应以青粗饲料为主，适当补充精饲料。

育成母牛的日粮：按预计生长发育水平（即 24 月龄体重的要求）决定日粮营养水平。

一般育成母牛的精饲料喂量为每头每天 1.5～2kg（每千克精饲料含粗蛋白质 15％～16％，奶牛能量单位 2.0～2.3 个）。青粗饲料尽量多样化，自由采食。

育成母牛妊娠后期的饲养：应酌情增加精饲料的喂量，比前期多30％～40％，以满足母体及胎儿正常生长发育的需要。

（2）育成母牛的管理。

分群：公母牛合群饲养时间以 18 月龄为限，此后应分开饲养，防止早配乱配。

定位、刷拭、按摩：进入育成牛舍后应定位饲养，炎热季节用水冲洗，每天刷拭 1～2 次，并且按摩妊娠母牛的乳房，每次 10min 以上。

放牧与运动：育成牛放牧时间要长，每天不少于 5h，牧地应有水塘，供其泡水运动。

育成母牛的配种：育成母牛的适配月龄 22～26 月龄，体重 300～350kg。初配牛以自然交配为主，以缩短初产日龄。

定期测量：育成牛应于 18 月龄、24 月龄测体尺、体重，并做好记录。

接种与驱虫：坚持按规定进行疫苗免疫接种及体内外驱虫。

（3）成年母水牛的饲养管理。

妊娠前期的饲养：前期是指妊娠开始至 3 个月。此阶段一般不需特别增加营养，若妊娠母水牛处于泌乳期，则按泌乳牛饲养，若处于干奶期，则按干奶牛饲养。

妊娠中期的饲养：中期是指妊娠 4～8 个月。此时，母体在激素调节下新陈代谢旺盛,对饲料的利用率提高。因此,应充分给予青粗饲料,将精饲料用量减少。日粮蛋白质水平应维持在原来所处的水平,即相应为泌乳或干奶的水平。但日粮其他各种营养物质要求平衡、全价,并注意补充钙、磷。

妊娠后期的饲养:后期是指妊娠 9 个月至分娩。此阶段是"攻胎"的最好时机,必须给予充分的营养,保证其各方面的营养需要,能量、蛋白质、钙、磷等的供应量均要比中期有所增加。泌乳母牛应进入干奶期。

水牛耐热能力强,盛夏牛舍通风良好即可。有条件的可在挤奶牛舍安装风扇、淋浴等降温设备。运动场设遮阳棚,使牛体感舒适。冬天要做好防寒保暖工作。

畜体卫生:每天应加强刷拭、沐浴或泡水。同时,注意乳房卫生,保持清洁,防止撞伤乳房或乳头。

饲养卫生:饲料要保证质量,新鲜、无霉烂变质,禁饮脏水。

(4) 围产期的饲养管理。

①围产期的划分。一般指产前 15d 至产后 15d 共 1 个月时间,包括临产、分娩、产奶 3 个阶段(即围产前期、围产中期和围产后期)。

a. 确定预产期后,可在产前 1 个月注射亚硒酸钠-维生素 E 注射液,以减少产后疾病的发生。

b. 调整日粮。产前 15d 视牛只膘情调整日粮,以中等膘情(不见肋骨)为最好,不宜过肥或过瘦。

c. 围产前期(干奶后期)的营养需要量低于泌乳后期,日粮干物质约为母牛体重的 2.5%,每千克干物质含奶牛能量单位 2~2.5 个,蛋白质含量为 16%~18%。控制高糖青贮饲料(如菠萝皮青贮、玉米青贮等),喂量要控制在 10kg 以内,适当补充矿物质、维生素类饲料。

d. 停止按摩乳房,特别是育成牛。

②围产中期(分娩期):一般指从分娩到产后 4d 这段时间,也属围产后期的一部分。

a. 临产症状的观察。主要观察乳房变化、阴门分泌物、尾根塌陷、排便、宫缩等,如母牛表现起卧不安、频频排粪排尿,则说明产期在即,应做好接产准备工作。

b. 分娩后的护理。分娩后立即喂给足量温盐水或红糖水,同时给优质易消化青粗饲料,第 1 次挤奶应在产后 1h 内进行,可不必挤完,以后逐渐增加,第 4 天起可全部挤净。

c. 分娩期的饲养。母牛产后 1~3d 应以适口易消化的青、干草为主,辅以优质精饲料及少量多汁饲料、青贮饲料等,每天增料 0.5kg。冬天应给予 1~3d 的温水,一般至产后 7d 方可按泌乳水牛增料促乳方式饲养。

③围产后期。一般指从分娩到产后 15d 这段时间。

a. 产后 5～6d 为保护性饲喂阶段，日粮质优、量少。

b. 产后 7～15d，母牛营养需要量明显增加，此时即可调整饲养方案，增料促乳。精饲料中饼粕类饲料比例应占 20%～25%，青粗饲料、糟渣类、青贮玉米等都要大量给予，使蛋白质、能量水平大大提高，并特别注意补充钙、磷和维生素。

3. 泌乳母牛的饲养管理

（1）泌乳母牛的饲养。

产后应及早补料：增料的原则是达到最高日产奶量前，可使日粮营养达到比实际产奶量高 2～3kg 奶所需的营养。等到增料而产奶量不再上升后再缓慢地降料，逐渐降至与实际产奶量相适应。

进入泌乳中期后，每 10d 视母牛产奶量调整一次促乳精饲料，一般按 3kg 奶：1kg 精饲料喂给。泌乳后期视牛的膘情和泌乳量增、减精饲料。

（2）泌乳母牛的管理。

①挤奶调教。初产牛产后对触摸乳房十分敏感，应在产前进行按摩，使之习惯，产后由技术熟练的饲养员进行挤奶调教。

②清洁卫生。一是饲料卫生，要做到饲料无霉变、无污染，注意清除饲料中的铁钉、铁线、塑料袋、绳等异物，防止牛进食不卫生饲料。二是牛体卫生，每次挤奶前均应用水冲刷牛体，清除体表污垢，促进血液循环，保证牛奶卫生。三是牛舍卫生，每次挤完奶放牛后必须立即清扫、冲洗牛舍，使室内无粪便、槽里无残渣。运动场的粪便每天也要清理，放在固定的地方堆积沤制，水池保证有足够的清洁饮水。

③配种。泌乳母水牛尽可能在产后 60d 配种，应选择在第 2 或第 3 个发情期配种。配种前应进行直肠检查，以做到适时输精。精液解冻后要进行品质检查，符合要求方可输精。输精全过程按人工授精卫生要求进行。母水牛发情有较明显的季节性，应抓紧在发情旺季配种。

④挤奶。母水牛的人工挤奶惯用拳握法，部分初产牛由于奶头较短可暂采用下滑法（滑指法），在奶头长度足以用拳握法挤奶后必须改用拳握法。挤奶员必须经常修剪指甲，挤奶用具使用前后必须严格清洗消毒。挤奶前应搞好牛舍及牛体卫生。

挤奶：先将挤奶牛的尾系于一侧腿上，用湿毛巾（冬天用温水）充分洗净整个乳房，然后用拧干的毛巾自下而上擦干奶房，同时按摩乳房，待乳房膨胀后，即可进行挤奶。

挤奶时每个奶头的第 1、第 2 把奶应挤在"检奶杯"上，注意观察奶汁有无异常，如有异常应提出处理意见。母牛放奶后，开始挤奶时用力宜轻，速度稍慢，待放奶旺盛时挤奶速度要快，尽量在 10min 内挤完，挤完奶后用消毒药液浸泡乳头。每次挤奶必须挤净，先挤健康牛，再挤病牛。挤奶环境要安静，切忌喧哗。个别排乳抑制的母牛可注射催产素帮助其放奶。

4. 种公牛的饲养管理

（1）育成种公牛的饲养。

对后备公牛的鉴定：于 18～24 月龄进行后备公牛鉴定，不符合品种要求的应淘汰。留养的应穿鼻并戴鼻环，1～2 个月后进行牵拉调教。

育成种公牛在 1.5 岁前仍可喂给适当数量的粗饲料，而在其后必须控制粗饲料的摄入量，特别不宜喂给体积大、质量差的青粗饲料。要防止过多采食粗饲料造成"草腹"，影响配种或采精。

育成种公牛日粮应含粗蛋白质 16% 左右，精饲料 3kg 以上，占干物质采食量的 50%～60%。

（2）成年种公牛的饲养。成年种公牛的饲养以精饲料为主，精饲料可占日粮干物质的 50%～60%，干物质采食量为体重的 1%～3%。青贮饲料可与干草搭配使用，并以干草为主。不喂或少喂菜籽饼和棉籽饼。

成年种公牛的饲养水平可略高于维持水平，切忌能量过剩。日粮每千克干物质含奶牛能量单位 1.7 个。日粮中多种营养成分应完善，特别应补充优质的蛋白质、维生素（胡萝卜素）和矿物质。

（3）种公牛的管理。注意人身安全，牵引种公牛出入栏舍时，要注意公牛神态，人要距离公牛 2m 以上。应固定饲养和采精人员，设法使人畜亲和，禁止殴打、戏弄公牛等粗暴行为。种公牛的鼻环、绳索必须结实可靠，单栏饲养，围栏也应牢固。种公牛每天必须运动，以增强其体质，提高精液品质。除自由运动外，每天要有 2h 以上的强制运动。育成及休闲期种公牛还可适当增加运动量。加强种公牛的刷拭工作，炎热季节可采取相应的防暑降温措施，给种公牛淋浴或泡水，防止种公牛性欲及精液质量降低。

（四）奶牛的特殊管理

1. 挤奶 挤奶有两种方式：一是人工挤奶。将乳头紧握在拇指和食指之间，然后用其他手指顺序压下，迫使牛奶从乳池通过乳头管而排出。二是机器挤奶。牛奶被真空泵吸出，动作与犊牛吮吸相似。在奶牛场中，挤奶直接与经济效益有联系，良好的挤奶技术是高产的关键之一。良好的人工及机器挤奶技术的主要特征是：有常规的良好的挤奶程序，产奶量高；奶的质量达到卫生标准；乳房感染减少到最低限度。

（1）挤奶步骤。

①挤奶用具及设备的准备。对挤奶过程中所需的全部用具及设备，在挤

前均需洗净、消毒，并集中于一处备用。

②挤奶母牛的准备。实际是对乳房进行准备，自然条件下是由犊牛吸吮来刺激排乳，而人工挤奶和机器挤奶则可用温水（50℃左右）洗净乳房及乳头来代替犊牛吮吸，促使母牛放奶。乳房准备工作有2个方面：

第一，清洗乳房及乳头上的污物，使牛奶在挤奶过程中不受污染。清洗动作可以诱导母牛放奶。在人工挤奶时，着重乳房的清洗，而机器挤奶时"放奶"反射是由各项准备工作形成的条件反射。人工挤奶时，污物、毛及皮屑均易落在挤奶桶内，应经常修剪乳房及胯部的毛，以减少污染。在机器挤奶时，也可以对乳房及乳头进行干洗，特别是在草地上饲养或在垫草较多的牛舍中饲养的奶牛，牛体比较清洁，可以采用干洗法。其优点是需用的时间少，又可避免乳房疾病的相互传播。干洗时可用一次性纸巾，用后可集中处理。但是体表特别脏的牛，不论人工挤奶还是机器挤奶均需用温水清洗，清洗用的水应勤更换，乳房清洗后应用一次性纸巾擦干。

第二，检查各乳区最初挤出的两把奶是否正常，这是乳房准备最重要的部分。挤出的奶装入杯中，切忌洒在地面上及洒在手上又去接触其他乳头。如果发现奶中有絮状物、凝块或是血液，则表明母牛已患乳腺炎，这种奶切不可与正常奶混合。同时，还须检查乳房、乳头有无肿胀、受伤等，并注意不可污染其他牛及奶。

③套上乳杯，开始挤奶。洗净乳房刺激放奶后，在30s内乳头中已充满乳汁，因此在1min内必须开始挤奶。机器挤奶是套上乳杯即开始挤奶，大多数母牛在3～6min可以挤完。

④挤干。当显示出牛已快挤完奶时，必须挤干。如用机器则需将奶挤干，包括用手从上向下按摩，但这一过程不能超过20s。由于各乳区所产的奶量不完全一致，故在使用机器时应根据实际情况分别挤干。目前，已有乳杯自动脱落的挤奶机，各乳区挤干后分别自动落下，可以避免挤奶过度造成乳房损伤。

⑤除去乳杯。这是使用机器时必需的步骤，各乳区挤干后，须将乳杯慢慢取下，千万不要过度挤奶，乳杯取下后，应先在冷水中清洗，每挤奶5～7头后应消毒1次。

⑥乳头消毒。挤奶完毕或除去乳杯后，为保证乳房健康，在除去奶头末端的奶汁后，通常要用消毒液浸泡一下奶头。

⑦清洁用具设备。待全部奶牛挤完奶以后，所有用具及挤奶设备均应彻底清洁。

⑧挤奶牛排列顺序。理想的挤奶牛排列顺序是：首先，挤第1胎无乳房疾病的青年母牛；其次，挤无乳腺炎的老年母牛；再次，挤曾患过乳腺炎但现无症状的母牛；最后，挤各乳区产生不正常奶的母牛。

挤奶后，母牛必须站立 1h 左右，以便乳头括约肌完全收缩，并防止乳头过早与地面接触感染疾病。使牛站立的最好的方法是喂给新鲜饲料。实践证明，该方法能减少乳房疾病。

（2）每天的挤奶次数。研究结果认为，每天由挤奶 2 次改为挤奶 3 次，产奶量一般要增加 20% 左右，最高可达 40%。原因是减轻了泌乳对乳房压力。因为，乳房内压的增加会使泌乳量逐渐减少。

2. 其他管理

（1）去角。

①去角的适龄。去角必须在牛只幼龄时进行，年龄不能超过 2 个月，通常在出生 1 周内进行。因为，年龄小易于控制，同时流血少、痛苦小，也不易被细菌感染。

②去角的方法。去角的方法较多，通常使用电烙铁或涂抹氢氧化钾去角。

用电烙铁去角：电烙铁是特制的，其顶端做成杯状，大小与犊牛角的底部一致，通电加热后，烙铁的温度各部分一致，没有过热和过冷的现象。使用时将烙铁顶部放在犊牛角部，烙 15～20s，或者烙到犊牛角四周的组织变为古铜色为止。用此法去角不出血，在全年任何季节都可用，但只能用于 35 日龄以内的犊牛。

用氢氧化钾去角：犊牛使用氢氧化钾去角效果最好。这种药品在化学制品商店均可买到。要买棒状的，同时还需准备一些医用凡士林。去角可按以下步骤操作：第一，剪去角基部及四周的毛。第二，将凡士林涂抹在犊牛角基部的四周，以防止涂抹的氢氧化钾液流入眼中。第三，用氢氧化钾棒（手拿部分须用布或纸包上，以免烧伤）在犊牛角的基部涂抹、摩擦，直到出血为止。这是破坏角的生长点，必须仔细进行，如果涂抹不完全，某些角细胞没有被破坏，角仍然会长出。第四，使用此法去角，必须在犊牛 3～20 日龄进行。此法实际不是去角，而是阻止角的生长。去角后 1 周左右，涂抹部位所结成的痂也将脱落。用此法去角的犊牛在初期须与其他牛犊隔离，同时避免受雨淋；否则，涂抹氢氧化钾的部位被雨水冲刷，含有氢氧化钾的液体流入眼内及面部会造成损伤。

（2）注意事项。第一，犊牛在去角前需预先从原牛群中隔离出来。第二，一切去角设备在使用前必须洗净，并进行彻底消毒。第三，经过去角处理的牛需隔离数日，以便观察和紧急处理。第四，新去角的牛应避免苍蝇干扰。第五，年龄较大的牛用锯、铗或其他特制的去角器去角时，需要由有经验的人员或兽医进行。

3. 保护肢蹄健康 牛蹄障碍（增生或疾病）可引起牛吃草料和饮水困难，导致产奶量下降。因此，应经常检查和保护肢蹄，特别是对老龄奶牛及体型较大的奶牛更为重要，必须减少腐蹄、蹄叶炎和其他肢蹄障碍的发生。我国奶牛发生肢蹄障碍较多，尤其是在南方多雨季节，由于肢蹄障碍而遭淘汰的牛最高时可达 28%。

牛蹄障碍主要是蹄趾增生而形成变形蹄，以及因蹄底溃疡、蹄底外伤、蹄叶炎等疾病而引起的。因此，许多牛场每年都要有专人进行修蹄，有兽医人员进行蹄病治疗，但积极预防蹄障碍的发生最为重要。主要预防措施有以下几个：

（1）注意牛舍卫生。蹄病及腿病几乎在各种类型的牛舍中都可能发生，其发生的范围及严重性与牛舍的卫生水平有关，特别是趾间皮炎受牛舍卫生的影响最大。因此，每年需对牛舍进行 1 次或 2 次清洗和消毒，舍内及舍外地面应保持干燥，干燥的牛舍既可防滑又可以减少细菌的繁殖。奶牛场在干热气候条件下，趾间皮炎相对减少。牛舍的牛床过去为木质地板，现已使用废旧汽车轮胎的外胎制作的地板铺垫，也可减少肢蹄病发生。水泥地面一定要注意防滑。

（2）营养协调。蹄叶炎常常与消化道、子宫和泌乳系统发生障碍有关，这些障碍大多与饲料营养有关。所以，饲料用量和日粮组成必须合理。蹄叶炎以及与其有关障碍的发生通常是在产犊前几天直到产后几周之内发生。在这个时期精饲料喂量增加很快，粗饲料（较长的）喂量减少，引起瘤胃酸中毒，这易引发蹄叶炎。为预防蹄叶炎的发生，需按母牛对能量和蛋白质的需要量饲喂，不能随意改变。在干奶时期，首先应喂少量的精饲料或不喂精饲料，而给予优质粗饲料；其次产后精饲料喂量应逐渐增加，同时须喂给搭配较好、含有锌的无机盐混合饲料，因为锌对预防趾间蜂窝织炎有效，增加锌的喂量还可以抵抗细菌的感染，而且在感染的情况下锌也可促进皮肤病痊愈。

（3）修蹄。每年应修蹄 2 次。修蹄工作应由已经过培训的专业人员进行，首先，必须有专用的修蹄固定架，在固定牛时须注意保护乳房和防止已孕干奶牛受伤；其次，将过长的蹄角质切除；最后，修整蹄底，主要是要保证蹄形端正。

（4）蹄浴。蹄浴是预防蹄病的重要卫生措施。蹄浴较好的溶液是福尔马林，取福尔马林 3～5L 加水 100L，温度保持在 15℃ 以上，浴液温度降到 15℃ 以下，就会失去作用。此外，硫酸铜也可作为浴液。装浴液的容器宽度约 75cm，长 3～5m，深约 15cm，溶液深应达到 10cm。蹄浴最合适的地方是挤奶间的出口处，浸浴后在干燥的地方停留半小时，其效果更佳。如果浴液过脏应更换新液。在舍饲情况下，蹄浴 1 次后，间隔 3～4 周再进行 1 次，对防治趾间蹄叶炎效果特佳。

（5）育种选择。为了减少蹄病的感染，育种时必须适当注意选择肢蹄性状，而这些性状又是能遗传的并与肢蹄障碍有较高的遗传相关。研究结果证明，对蹄的背部长度、斜长、蹄踵长及四肢位置同时进行选择效果最佳。

4. 饲喂时间及次数　对奶牛饲以全价饲料，每天可喂 2～3 次，饲草及精饲料应分开喂。一些牛场干草让牛自由采食，青贮饲料每天喂1～2次，精饲料每天喂2次。干草每天大量喂给1次或少量饲喂多次，这要根据饲养方式及干草的价格而定。对母牛来说，少喂勤添时食草量可以增加，但花费劳力较多，为了减少浪费，每天至少需喂2次干草。如果剩余草量达到10%，则需改变饲喂方式或提高干草的质量，或者两者需同时改进。

青贮饲料通常是每天喂1次，如果储存量多，价格又便宜，则可喂2次或2次以上，大多在挤奶以后立即饲喂，这样可使剩余青贮饲料发出的气味在下一次挤奶前消失。

精饲料每天饲喂1～2次，按个体情况定量供给。若在挤奶间挤奶时供应，由于高产奶牛供给的精饲料较多，在挤奶的时间内不易吃完。同时，由于奶牛在挤奶时大多不愿采食，因此多在精饲料槽中饲喂，有时将精饲料撒在青贮饲料上或混在青贮饲料中喂。

犊牛喂奶或代乳品，通常每天2～3次，间隔时间相等。

5. 公牛穿鼻及使用牵引棍 犊公牛生长到5～6月龄时必须与母牛分开饲养，并需调教，使其成年后易于被人控制。因此，穿鼻环是公牛调教中很重要的工作。

犊公牛生长到10月龄或12月龄时必须用专门的穿鼻器打孔，并穿上鼻环。打孔的位置在鼻中隔最薄处，与鼻镜距离不能太近。所采用的鼻环最好是铜或铝质的，直径为4～5cm，重量较轻。成年后可改换较大的鼻环，鼻环必须光滑，在连接处以及螺钉上紧后均需用锉打光，以防牛鼻受伤。

牵引成年公牛时必须使用特制牵引棍，棍的一端有活动的弹簧钩，牵引时，拉开弹簧钩，套上鼻环即可。这样牵引人与公牛之间有一定距离，以免人员受伤。如公牛特别凶猛，则需两人牵引，左右各一人，每人均持牵引棍，并各套一个鼻环。

6. 接产 一般情况下，母牛产犊时不需人协助，但如果母牛体力不支，则应略加帮助，如出现异常则须助产。母牛产犊通常是在特别准备的产房中进行。母牛在产前2～3d进入产房。产房在使用前必须消毒并铺褥草，褥草根据需要可随时更换。产房应有人值班。

正常产犊时，对初生犊牛应采取以下措施：①擦净鼻孔内的羊水。②用2%～5%碘酒消毒脐带（不用结扎）。③产双胎时第1头犊牛的脐带应结扎两道绳，然后从中间剪断。④让母牛舔干犊牛身体。⑤称量犊牛体重。⑥在出生1h内让犊牛吃到初乳。

母牛产后损失水分较多，应喂给温水或温麸皮水，这样还可促使胎衣排出。胎衣排出后应立即移出产房，以防被母牛吃掉出现消化不良。

7. 干奶 在母牛产犊前2个月，为了使胎儿在最后2个月得到充分发育，需要进行干奶，也就是将仍在泌乳的妊娠母牛强迫停奶。干奶的方法一般有3种：不完全挤奶、间断挤奶、完全停止挤奶。经过许多研究和实践，认为日产奶在10kg时，采用完全停止挤奶的方法较为恰当。该法干奶快，同时在下一个泌乳期产奶量和质量与另外两种方法没差异。如果日产奶量在10kg以上，要快速干奶时需减少精饲料及块根类饲料的喂量。北京市南郊农场的经验是，在干奶时不考虑日产奶量，采用快速干奶的方法。具体措施是：第一，母牛在产犊前2个月开始干奶，干奶时完全停止挤奶，通常7～10d即可不再出奶。在干奶过程中不停喂饲料，精饲料喂量为其体重的0.5%，但应减少块根类和糟粕类饲料，青贮干草自由采食。第二，停奶后进入干奶期，精饲料喂量为其体重的0.6%～0.8%，保持中等膘情。第三，分娩前2周入产房，精饲料喂量为其体重的1%，自由采食粗饲料。第四，分娩后头3d按上述精饲料量减去1/3加饮麸皮水，以后按产奶量与精饲料3：1的比例增加精饲料；但最大量不可超过体重的1.5%。青贮饲料、块根类饲料定量喂给。

8. 粪便处理 这里所指的粪便是家畜排泄物（包括未消化的饲料及牛体排出的某些废物）及垫草的混合物，由于其含有植物所需要的营养物质，所以又可称为粪肥，应当把其看成是一种资源。在现代化奶牛场，对粪肥的收集、运输、储存、使用等管理工作非常重要；否则，就会造成环境污染。

各种家畜排粪尿量以奶牛最多。

家畜饲料中含有氮、磷、钾，大约分别有75%、80%及85%由粪便排出。此外，饲料中的有机物约有40%由粪便排出。这样，饲料中总营养物质估计有80%是由粪便排出的。饲喂高营养的牛，其粪便价值也高于低营养的牛。

尿是液体粪肥，其中平均约含有50%的氮、4%的磷及46%左右的钾，粗略地讲，粪肥中植物所需的总营养物质，尿中的占50%。

由于粪便及尿能散发出各种气体，其中包括甲烷（沼气）、氨气、硫化氢及二氧化碳等气体，因此粪尿的储存均须远离牛舍的下风区。粪与尿收集后混合储存在化粪池中，为了利用其气体（沼气）作为生活能源，可以做成一个大的化粪池（沼气池），收集其气体作为燃料。同时，经发酵处理后的粪便，其中的寄生虫被杀灭，可直接用作肥料。我国许多奶牛场对粪肥的处理还不够重视，不但不能很好地用于农田，而且还造成环境的污染。由于粪池中所产生的气体对人体有害，所以储存和使用要特别小心。

（五）肉牛的育肥技术

1. 影响肉牛育肥效果的主要因素

（1）品种。一代杂交牛优于本地牛，二代杂交牛优于一代杂交牛。

（2）年龄。青年牛育肥效果优于老龄牛。

（3）育肥期。短期育肥优于长期育肥，一般育肥 3～4 个月即可。

（4）性别。公牛的生长速度和饲料转化率高于母牛。

2. 肉牛的育肥方式

（1）小牛育肥。对断奶犊牛实行高能量、高蛋白质饲养的一种育肥方式，经过一段时间的育肥，体重达到 350～450kg 出栏。

（2）成年牛育肥。对达到体成熟年龄后的牛实行高能量、高蛋白质饲养的一种育肥方式。有成年牛育肥、老残牛育肥和淘汰奶牛育肥 3 种形式。

3. 肉牛育肥的要求与管理

（1）要求。肉牛育肥一般采用舍饲方式，要求做好牛舍、饲料、技术、牛源的组织和资金的准备等。

（2）管理。

①定时定量投料。要根据饲养标准，确定牛的日粮配方。

②投料顺序。先干后湿、先粗后精，控制精饲料喂量，粗饲料自由采食。粗饲料应青绿多汁，适当切短，无霉烂变质和杂物。

③合理分群。按牛的大小、体重、采食速度、性别等，相似者分为一群。

④搞好环境卫生，夏季做好防暑降温工作，冬季做好防寒保温工作。

⑤及时出栏。达到上市要求并可获得经济效益时即可出栏，对育肥效果差的牛要及时淘汰。

4. 成年牛育肥期的分段与饲料要求　成年牛的育肥一般需 90～120d，分以下 3 个阶段：

（1）过渡驱虫期。约 15d，对刚购进的架子牛，应分开饲养，细心观察，一定要驱除体内外的寄生虫（用左旋咪唑、丙硫咪唑、依维菌素或敌百虫等驱除体内外的寄生虫）。

此期喂料以粗饲料为主，主要是各种栽培牧草和青绿秸秆，要求切短至 5cm，逐步过渡到 1～2cm，自由采食。精饲料喂量从每头每天 0.25kg 开始，逐渐增加到每头每天 2kg。

（2）育肥前期。16～60d，干物质的投喂量要达到体重的 2%～2.5%，日粮粗蛋白质水平为 11%，精粗料比为 6：4，日增重 1.3kg。

粗饲料以各种优质栽培牧草和青绿秸秆为主，切短后任牛自由采食。精饲料配方为玉米 70%、花生饼 20%、麸皮 10%。此外，每头牛每天补饲食盐 20g、牛用预混料 50g。

（3）育肥后期。60～120d，干物质的投喂量达到体重的 2.5%～3%，日粮粗蛋白质水平为 10%，精粗料比为 7：3，日增重达 1.5kg。

粗饲料以优质栽培牧草和青绿秸秆为主，切短后任牛自由采食。精饲料配方为玉米 85%、花生麸 10%、麸皮 5%。此外，每天每头牛饲喂食盐 30g、牛用预混料 50g。

第三节 环境因素

环境控制是养殖业生产管理的关键环节，环境是家畜赖以生存的基础，它同饲料、品种、疫病一样，对家畜生长、发育和健康都有重要影响。特别是优良品种只有在适宜环境中才能充分发挥其遗传潜力，才能取得更好的经济效益。

一、影响生长发育的环境因素

（一）温度

温度是养殖场的主要外界环境因素之一，家畜产肉性能的遗传潜力只有在一定温度条件下才能充分发挥。温度过高或过低都会使产肉水平下降，甚至使家畜的健康和生命受到影响。温度过高，超过一定界限时，家畜采食量随之下降，甚至停止采食；温度过低，采食的饲料全被用于维持体温，无法用于生长发育，有的甚至消瘦。小猪（初生至 50kg）适宜温度为 22～35℃；育肥猪（50kg 至出栏）适宜温度为 10～20℃；羊的适宜温度为 8～22℃；牛的适宜温度为 1～24℃。

（二）湿度

空气相对湿度的大小直接影响的家畜体温，潮湿的环境有利于微生物的生长和繁殖，易使家畜患疥癣、湿疹、腐蹄病等。家畜在高温、高湿的环境中散热比较困难，高温、高湿往往引起体温升高、皮肤充血、呼吸困难、中枢神经因受体内高温的影响使机体功能失调最后致死。在低温、高湿的条件下，家畜易患感冒、神经痛、关节炎和肌肉炎等疾病。

（三）光照

光照对繁殖机能具有重要的调节作用，而且对育肥也有一定影响。畜舍要求光照充足，一般来说，适当调节光照度可使日增重提高 3％～5％、饲料转化率提高 4％。光照与母畜发情、公畜提高性欲有直接关系，因此在畜舍选址、设计、施工过程中，一定要把光照和通风放首位，这样才能有利于养殖业的生产和发展。

（四）气流

气流对家畜育肥有间接影响，它可使家畜能量消耗增多，进而影响育肥速度，而且年龄越小所受影响越严重。在炎热的季节，通过人工通风换气，对家畜能够起到降低体温的作用，特别是对于育肥猪起到了良好的降温作用。因此，应适当提高舍内空气流动速度，加大通风量，必要时可辅以机械通风。而在寒冷的季节一定要严格控制通风时间，一般在 11:00—15:00 通风，防止通风过程中寒气侵袭家畜，造成不利影响。

（五）畜舍的环境因素

畜舍的灰尘中含有大量病原微生物，影响了家畜的健康生长。清扫地面、家畜打闹等会使舍内产生大量灰尘，被家畜吸入呼吸道后，使鼻腔、气管受到机械性刺激。家畜呼吸有害气体，很容易形成灰尘感染和飞沫感染，给家畜生长和健康造成了不利影响。在棚式结构圈舍内，空气流动性大，有害气体较少；在封闭式圈舍内，如果通风不良，舍内有害气体就会增加，严重时危害家畜健康。其中，危害最大的气体是氨和硫化氢。氨主要由含氮有机物，如粪、尿、垫草、被污染的饲料等分解产生；硫化氢是由于动物采食富含蛋白质的饲料，消化机能紊乱时由肠道排出的。因此，应注意合理通风，这样可将有害气体及时排出舍外，但必须做好舍内定期消毒，有效避免灰尘飞扬，保持圈舍干净卫生，有利于预防疾病的发生。

（六）粪便处理和水源净化

粪便对空气有很大污染。粪便分解产生甲烷、硫醚、硫化氢、氨等有害气体，会产生恶臭，恶臭物质和有害空气都具有刺激性和毒性，恶臭通过神经系统引起的应激反应间接危害人和家畜，有时会给人和家畜的健康造成不利影响。但是，粪便通过人工处理可以与农牧业有机结合，养畜积肥、过腹还田、尿液无害化处理，产生良性循环。这样既有利于人畜健康，又有利于农牧业发展。一般养殖场的粪便多采用生物热发酵处理，将粪便堆成堆，上面覆盖10cm 左右厚的泥土，堆放发酵 1～3 个月即可。对污水池加入化学消毒药杀死其中的病原体，方法是 1L 水加入 2～5g 漂白粉搅拌均匀，喷洒在粪堆或发酵池。夏天可通过自然发酵杀死污水中的病原菌。养殖场所和周边应做好定期消毒工作，垃圾、粪便要及时清除，按照要求堆放到固定场所，以保证养猪场所清洁干净。

还可利用生物技术用粪便生产沼气，形成良性循环，既改善了舍内环境，又对粪便进行了无害化处理。畜禽粪便中含有大量有机物，在温度 35～55℃、厌氧条件下经微生物降解为沼气和二氧化碳，因此有条件的养猪户要充分利用国家的优惠政策，根据自身条件，建成沼气池，充分用粪便发酵产生沼气，这样既能有效杀灭粪水中的病原微生物及寄生虫卵，又能解决家庭用气问题。

（七）饮用水的质量

饮用水质量的好坏对家畜的健康生长极为重要。饮用水的水源应清洁安全无污染。井水水源周围 30m、江水取水点周围 20m、湖泊等水源周围 30～50m 内不得建粪池、污水池和垃圾堆等污染源。畜舍与井水也应保持至少 30m 的距离。为确保饮水安全、无污染，最好以地下水为水源，而且要定期检测水质、定期消毒。

（八）绿化

合理绿化畜舍周围的环境，有利于家畜的生长和环境的保护。大部分绿色植物可以吸收家畜排出的二氧化碳，有些还可以吸收氨气和硫化氢等有害气体，部分植物对铅、汞、镉等也有一定的吸收能力。因此，在养殖场周围植树、栽葡萄、葫芦、丝瓜等藤蔓绿色植物是较好的选择，场地绿化可净化 25％～50％ 的有害气体和臭气，减少 50％ 左右的粉尘，还可改善场区小气候，起到遮蔽阳光降温的作用。

综上所述，积极倡导养殖场（户）实施规模养殖与环保设施建设并举，使畜禽粪便、污水得到无害化处理。这样能够显著减少环境污染，减少人、畜疾病发生，促进畜禽生产性能发挥。在环保设施建设上，各级政府要给予政策和资金上的扶持，用新技术、新工艺开发新能源，提高资源利用率。

二、环境因素对蛋鸡生长发育的影响

蛋鸡生产水平决定于内在的遗传潜力，而内在的遗传潜力表现程度又与其所处的生活环境密切相关。因此，蛋鸡必须饲养在适合其生长发育的良好环境中；否则，即使是高产品种，饲喂全价饲料，也无法发挥其应有的生产性能。

（一）温度

蛋鸡产蛋的适宜温度是 13～20℃。鸡舍一般将温度控制在 1～27℃ 即可。如果温度低于下限，会增加蛋鸡饲料消耗量，产蛋率下降；如果降到 −9℃ 以下时，蛋鸡活动迟钝，产蛋量下降，鸡冠开始受冻；温度高于上限，蛋鸡呼吸加快，体温升高，产蛋量减少；如果持续在 29℃ 以上，对产蛋量、蛋重和蛋壳厚度都有不良影响。气温达到 40℃ 时，蛋鸡就开始死亡。可通过遮挡阳光、通风换气、舍内喷水降温防暑。

（二）湿度

鸡舍内空气相对湿度应控制在 50％～70％。若温度适宜，相对湿度低至

40%或高至72%对蛋鸡均无影响。如果相对湿度低于30%，雏鸡的羽毛生长不良，成鸡的羽毛零乱，皮肤干燥，空气中的尘埃飞扬，容易诱发呼吸道疾病，产蛋鸡的啄癖将会增加；相对湿度高于75%，蛋鸡的羽毛黏结、污秽，患关节炎的鸡增多。特别是在高温情况下，蛋鸡体散热受阻，病原微生物将会大量繁殖，诱发疾病。控制湿度的有效方法是夏季通风、冬季保温。

（三）光照

鸡舍应充分利用阳光，因为阳光照射可提高蛋鸡的新陈代谢，增进食欲，可以使家禽皮肤中的7-脱氢胆固醇转变为维生素 D_3，促进鸡体内的钙、磷代谢，还能够杀菌，并使鸡舍干燥，有助于预防疾病。在寒冷的季节，阳光照射还有助于提高舍温。在阳光不足时，可以补以人工光照（灯光）。但应注意，光照过强，蛋鸡会烦躁不安，尤其是在高密度饲养的情况下，容易诱发啄癖。蛋鸡光照度一般以10lx为宜，光照时间为14～16h。10lx光照度需要的白炽灯功率可为15W、25W、40W、60W，有灯罩的，安装高度分别为1.1m、1.4m、2.0m、3.1m；无灯罩的，安装高度分别为0.7m、0.9m、1.4m、2.1m。

在安装灯泡时，要注意灯泡间的距离应为灯泡高度的1.5倍，舍内如果装设2排灯泡，则应交错排列；靠墙的灯泡与墙的距离应为灯泡间距的一半；灯泡不可用软线吊挂，以防被风吹动而使蛋鸡受惊。为使舍内的光照比较均匀，应适当降低每个灯泡的功率，而增加舍内的总装灯数。鸡舍内装设白炽灯时，以40～60W为宜，不可过大。蛋鸡生产全过程的光照制度如下：出雏后1～3d，每天光照23～24h，光照度为10～20lx；4～126d，每天光照8～9h，光照度为5lx；126d以后，每周光照增加30min到1h，直到光照时间达到14～16h，光照度为10lx时为止。适宜的光照对提高蛋鸡的生产性能有很重要的作用。

（四）有害气体

鸡舍内的有害气体主要有氨气、硫化氢、二氧化碳等。氨气在畜禽舍中常被溶解而吸附于畜禽的黏膜、结膜上，所以低浓度的氨气对黏膜有刺激作用，引起结膜和上呼吸道黏膜充血、水肿和分泌物增多，甚至发生喉头水肿、坏死性支气管炎、肺出血等。高浓度的氨气对直接接触部位可引起碱性化学灼伤，组织呈溶解性坏死，并可引起呼吸道深部及肺泡的损伤，发生化学性支气管炎、肺炎、肺水肿，以及中枢神经系统麻痹、中毒性肝病和心肌损伤。鸡对氨气格外敏感，鸡舍内氨气的浓度达到 $20g/m^3$ 时即可引起结膜炎，且新城疫发病率升高；$50g/m^3$ 时，能使鸡的呼吸频率下降，产蛋量显著下降。因此，鸡舍中氨气的浓度不得超过 $20g/m^3$。

硫化氢遇到动物黏膜上的水分可很快溶解，并与钠离子结合生成硫化钠，对黏膜产生刺激，引起眼炎，出现流泪、角膜混浊、畏光，同时发生鼻炎、气管炎、咽部灼伤、咳嗽，甚至肺水肿。鸡经常吸入低浓度的硫化氢，可出现植物神经功能紊乱，偶尔发生多发性神经炎，长期影响可使体质变弱，抗病力下降，同时容易发生肠胃炎和心力衰竭等，给生产造成损失。硫化氢浓度过高时会使鸡呼吸中枢麻痹，窒息死亡。在畜牧业生产中，既要注意保护家畜的健康和生产力，更要注意保护工作人员的健康，畜舍空气中的硫化氢浓度应以 $6.6g/m^3$ 为限。

防止鸡舍中有害气体的主要措施是清除鸡粪和通风换气。粪尿是氨气和硫化氢的主要来源，将它们及时清除，不使其在舍内分解，对于保证舍内空气质量非常重要。另外，在鸡舍地面铺上垫草也可以吸收一定量的有害气体。合理的通风换气，将有害气体排出舍外，是保证舍内空气清洁的重要措施之一。通风时，要求流入舍内的空气流速要慢，冬季鸡体周围的气流速度以 $0.10\sim0.25m/s$ 为宜，不超过 $0.3m/s$；夏季气流速度可以稍增大，但不能超过 $0.5m/s$。小型鸡场和专业户多采用自然通风方式，即在鸡舍两长墙的窗户之间，距天棚 $40\sim50cm$ 处设进气管，彼此之间距离 $2\sim4m$，进气管道断面积一般为 $20cm\times20cm$；出气孔沿屋脊两侧交错垂直地安装在屋顶上，断面面积一般为 $45cm\times45cm$，2 个孔距离为 $8\sim12m$，孔的上端高出屋顶约 $50cm$，并有管帽，以防雨水流入，孔内设调节板，用以控制出气量的大小。

大型鸡场多采用机械通风，为了避免气流直接吹向鸡体，其风机安装方式应为负压侧壁排风式，即风机安装在下部两侧墙上，把有害气体抽出舍外，新鲜空气从墙上部的进气口流入。每栋鸡舍内，风机安装的数量是以最大通风换气量（以夏季通风量为依据）再加上气流通过风口时的阻力损耗（$10\%\sim15\%$）求得的，公式：风机台数＝鸡只数×0.27×1.1（阻力损耗）/风机抽风量。在安装风机时，为保证舍内气流均匀，风机之间的距离不能过大，风机安装不能离门太近。当风机开动时不应开门，以免形成通风短路，即空气直接从门进入从风机排走，阻碍了进气口空气的流入。为了节省能源，有效利用风机，保证均衡通风，风机应分组安装，各组能单独控制，以便于维修保养，同时也便于局部调节风量。

（五）噪声

噪声的刺激会引起鸡只啄斗、飞腾、惊恐等，严重的会使其生产力下降。为了减少噪声，建场时应选好场址，尽量避免外界的干扰，场内的规划应当合理，使汽车、拖拉机等不能靠近鸡舍。场内设置机械时，应尽量选用声音小的机械。鸡舍周围大量植树，可使外来的噪声降低 10dB 以上。人在舍内的一切活动要轻，避免造成较大声响。

三、环境因素对猪生长发育的影响

生态养猪是一种最大限度地节能、节水、节省饲料、大幅减排二氧化碳及其他有害物质的养猪模式。它是将现代科学技术与传统养殖技术结合起来，实现资源良性循环，生态效益、经济效益与社会效益协调统一发展的养猪模式，当前我国规模化、产业化与区域化养猪生产正向这个方向发展。

（一）影响生态养猪的主要环境因素

生态环境（包括自然环境和生活环境）的变化，如全球气候变暖、臭氧层的破坏，以及生猪饲养环境中的空气、水源、土壤及饲料等受到化学性、物理性和生物性污染物的污染等，对猪的生长与健康均造成特异性损害和非特异性损害，导致猪免疫抑制、抗病力与生产力下降，诱导各种疾病的发生与流行，严重威胁着养猪业健康发展。当前影响生态养猪的主要环境因素表现在以下几个方面：

1. 空气污染对猪的不良影响 养猪生产中产生的各种有害气体改变了养猪场的生态环境，严重危害着养猪业健康发展。一个万头猪场每天排出的粪尿量约为 60t，1 年的排出量约为 2.19 万 t，如果采用水冲洗清除粪污，则每年排放的粪污水量为 109.5 万 t。这些粪尿与污水及垫料、死尸及其他污染物等如不进行无害化处理，则会每天不断地产生大量氨气、氮气、二氧化碳、硫化氢、甲烷等有害气体。这些有害气体散出后严重污染空气，不仅危害到养猪场的生产，而且对人的健康也会产生影响。猪舍内被有害气体污染的空气产生刺激性气味，对猪的眼、鼻及呼吸道产生强烈刺激，引发猪各种呼吸道疾病，如鼻炎、支气管炎、肺炎、肺气肿及眼结膜炎，以及猪肺疫、猪支原体肺炎、传染性胸膜肺炎、萎缩性鼻炎和许多病毒性疾病等，最终导致猪场发病率与死亡率增高，猪群抗病力与生产力下降，危害着养猪业健康发展。环境中的许多病原微生物可附着于污染空气中的尘埃上，形成凝集性气溶胶，在猪场随着飞沫飘动，传播多种传染病，引发疫情。如猪流感、口蹄疫、蓝耳病、圆环病毒病、细小病毒病、猪水疱病、传染性胃肠炎、博卡病毒感染、猪副黏病毒病等。这些传染病病原都能在猪场通过污染的空气传播，引发猪群各种疫病，对养猪生产危害很大。

2. 水污染对猪的不良影响 养猪场的用水污染源来自 5 个方面：一是养猪场养猪生产中排放出的猪粪尿与污水，这是主要的；二是人的生活污水，如冲厕所排水、厨房洗涤排水、洗衣排水、淋浴排水等；三是猪从饲料中摄入体内氮的 65%、磷的 70% 排到体外，然后随雨水冲刷进入江河和地下水中；四是农业污水，农作物大量使用的农药、化肥残留于土壤中，通过降水、沉降而进入地表水与地下水中；五是外界环境中的各种病原微生物及寄生虫卵进入地表水与地下水中等，污染猪场的水源。如果猪饮用这样的污水，不仅会对猪造成损害，导致生产性能下降，免疫力下降，发生各种中毒病及肠道疾病而死亡，还会诱发多种疫病，如猪群中常见的肠道病毒病、杯状病毒感染、流行性腹泻、传染性胃肠炎、轮状病毒病、大肠杆菌病、沙门氏菌病、仔猪红痢、猪痢疾、炭疽、布鲁氏菌病、结核病等，它们都能通过污染的水经消化道在猪群中传播。

3. 土壤污染对猪的不良影响　当前规模化养猪场猪群直接接触土壤的机会虽然不多，但是猪场内外环境中的土壤污染还是存在的。其污染源主要来自3 个方面：一是农民种地大量使用农药和化肥，其残留于土壤中，当种植各种谷物时，可转移到植物体内并在其中积累，再以此类谷物作饲料原料生产饲料，用以喂猪则对猪造成危害。二是饲料中添加过量的重金属，如砷、汞、镉、铅、铜等超标，猪摄入后随粪便排出，进入土壤中累积起来，导致土壤被重金属污染。三是猪场的大量粪污及生活垃圾与生活废水等处理不当，进入土壤，造成污染。这样被污染的土壤即可成为许多病原微生物的繁殖与集散基地，造成各种疾病在猪场传播，如许多炭疽、破伤风、猪丹毒等疫病都是经污染的土壤而传播的。

4. 饲料污染对猪的不良影响　除了农药、化肥及重金属等污染饲料原料，对猪造成危害之外，饲料污染的主要原因是各种真菌引起饲料发霉变质，造成霉菌毒素中毒，危害严重。此外，许多病毒和细菌的污染以及旋毛虫、囊虫、线形吸虫、球虫和弓形虫等寄生虫的污染等，均可引发猪群发生各种疾病，造成死亡。

5. 野生动物与节肢动物的存在对猪的不良影响　随着自然环境与生活环境的改变以及气候的变化，野生动物与节肢动物的生活习性也在发生改变，应引起重视。野猪可传播猪瘟与圆环病毒病等；狐、狼可传播伪狂犬病和狂犬病等；我国的鼠超过 30 亿只，每年偷吃粮食约 250 万 t，超过我国每年进口粮食的总量，经济损失高达 100 亿元。鼠类可传播猪瘟、口蹄疫、伪狂犬病、流行性腹泻、炭疽、沙门氏菌病、布鲁氏菌病等（注意：家养的犬与猫也可传播上述多种传染病）。这些野生动物长期存在，对猪场构成很大的威胁，危害非常大，应引起重视。节肢动物主要有蚊、蝇、蜱和蛀等，是一种传播媒介。吸血昆虫可携带细菌 100 多种、病毒 20 多种、原虫 30 多种，可传播传染病和寄生虫病 20 多种，其中家蝇可传播 16 种猪的疫病。许多猪场对此危害应引起重视，防控中一定要重视猪场的灭鼠与灭虫工作。

6. 兽药残留对猪的不良影响　兽医临床上与饲料中大量使用抗生素类、驱肠虫药类、抗原虫药类、灭锥虫药类、生长促进剂类、镇静剂和 β-肾上腺素能受体阻断剂七类兽药，用于防治或作为添加剂使用等。因这些兽药使用后都会在猪体内残留，或者以原药或代谢的形式随粪尿排出体外，残留于环境之中，污染空气、水源、土壤等，对植物、土壤微生物、昆虫及水生物等都有不良影响。还会导致"超级细菌"的出现，也增大了对疫病的防控难度，而且药物长期残留会造成猪体免疫抑制、免疫力下降、生产性能下降，疫病常年不断地发生，严重危害动物性食品的安全与养猪生产健康发展，应引起高度重视。

7. 猪舍内环境对猪的不良影响　猪舍内环境除了上述所讲到的空气、水质、土壤与饲料等因素之外，对猪产生较大影响的就是温度、湿度与应激等因素。

（二）养猪场的环境控制

1. 猪场的选址与规划布局

（1）猪场的选址。猪场场址应远离村庄、工厂、学校、旅游点、医院、交通主干道、屠宰加工厂及兽医防疫检疫机构等。距离村庄（居民区）至少3km以上；距离城镇应10km以上；距离交通主干道300m以上。应选择地势高燥、背风向阳、水源充足、土壤通透性好、便于排水、供电有保障、不受山洪威胁、生活与交通方便的偏远地区建场。同时，也要考虑当地生态农业的综合发展，尽可能做到相互促进，实现资源良性循环，变废为宝，达到资源节约型与环境友好型的要求。

（2）猪场规划布局。首先，养猪场在总体布局上应按"三点式生产"规划设计。

生产区：包括各种种猪舍（配种室）、其他猪舍、隔离舍、消毒室、兽医室、药房、沐浴室、病死猪处理室、值班室、维修与仓库、出猪台、粪污处理场。场区道路净道与污道要分开。每栋猪舍之间间距为20～25m，配种舍与妊娠舍和产仔舍之间间距50m，妊娠舍、保育舍与育肥舍之间的间距各为100m，使之成为3个生产小区。生产区的隔离舍和粪污处理场应处于猪场的下风方向，距离猪舍100m以上。猪群应按配种间、妊娠间、产仔舍、保育舍、育肥舍、出猪台方向移动。

生产辅助区：包括饲料厂、仓库、供水系统、变电室、车库、机修房、消毒间等。

生活管理区：包括办公室、会议室、资料室、食堂、宿舍、活动室、会客室等。生活管理区可分管理区与生活区两部分建设，处于猪场的上风处的一角，距离生产区与生产辅助区各100m以上。

其次，环境的绿化。猪场要建 3m 高的围墙，周围设防疫沟。场区周围与场区内要栽种树木进行绿化，以改善猪场的环境与气候；净化空气，阻止有害气体、尘埃和细菌；减少噪声、防水、美化环境等。

2. 猪舍环境控制措施　猪舍的环境控制主要包括温度、湿度、通风换气、光照等内容。

一是猪舍的温度。猪对猪舍内环境温度的高低非常敏感，"大猪怕热、小猪怕冷"。温度偏低（如 12℃ 以下），猪增重可减少 4.3%，饲料转化率降低 5%，同时可诱发呼吸道疾病和腹泻性疾病。温度偏高（如 30℃ 以上），猪采食量下降，饲料转化率降低，育肥猪生长停滞，母猪可能流产，或中暑、喘气等。猪舍内的适宜温度，哺乳仔猪为 25～30℃，生长猪为 20～24℃，成年猪为18～22℃。冬季天气寒冷，猪舍内要做到保温通风，控制好门窗的开启，充分利用阳光热，增添加温设备（如保温箱、地热、暖气、火炉、火墙等）。夏季炎热要注意防暑降温，可根据实际需要采取空调降温、滴水降温、沐浴降温、蒸发降温及地板降温等。

二是猪舍的湿度。猪舍内的适宜相对湿度为 65%～75%。高温高湿，猪体散热困难，导致食欲下降，采食量减少，生长缓慢，甚至中暑而死亡。低温高湿，猪体散热增加，感觉寒冷，猪的增重与生长发育减慢。另外，空气湿度过高，有利于病原微生物繁殖，使猪抗病力降低，诱发呼吸道、消化道、关节炎疾病的发生，以及皮肤干燥或干裂等。为防止猪舍内湿度过高，可控制猪舍内积水，少用水冲洗栏圈与地面，保持干燥，设置通风设备，加强通风，以降低猪舍内的湿度。

三是猪舍的通风换气。猪舍一年四季都要注意通风换气，它关系到猪舍内的温度、湿度与空气中的有害气体及尘埃的污染。除了利用通风换气清除猪舍内的有害气体之外，还应加强猪舍内的日常卫生管理，及时利用猪舍设计的除粪装置和排污水系清除粪污。防止潮湿，保持舍内干燥，可使氨气与硫化氢溶于水中排出，有利于减少舍内有害气体的含量与浓度。猪舍的通风换气可采用通风窗自然排气和机械排风等方法实施。

四是光照。光照能促进猪的新陈代谢，加速骨骼生长、杀菌消毒，增强其机体的抗病力。因此，猪每天保持光照的时间以 8～10h 为宜。猪舍一般采用自然光照比较好，也可设计不同的采光面积，但建筑时要注意减少冬季和夜间的散热，并要避免夏季阳光直射而引发中暑。

（三）猪场粪尿及污染物处理

猪的粪尿中含有病原微生物、氮、碳及重金属，随粪尿渗透到土壤与水中，造成环境污染，使水中与土壤中的病原微生物含量、硝酸盐、亚硝酸盐、磷与重金属等含量增加；堆积的粪尿还会分解有机物，产生各种有害气体而污染空气等。因此，猪场的粪尿及污染物的处理必须做好。

1. 猪粪的处理 猪场的粪尿及其污染物要进行生物净化处理，就是利用厌氧发酵原理，将猪体的排泄物通过厌氧发酵装置转化成沼气和有机肥料。沼气可用于发电照明和供热，沼渣可作肥料或饲料使用。这种处理技术已在全国各地推广使用，收到一致好评。其优点是经济实用、环保低耗、处理量大、程序简单、无二次污染、便于操作与推广。

2. 污水的处理 粪尿经过化粪池、筛滤机或离心机处理分离后，再将污水进行沉淀、过滤和消毒等处理后排放。一般需要进行二次处理后才能排放。

3. 病死猪的处理 病死猪要按照《中华人民共和国动物防疫法》的规定进行处理，患重大动物疫病的要及时隔离，急宰后要深埋或焚烧，最后彻底消毒。不准私宰、食用、上市出售等。

（四）实行"全进全出"的饲养管理制度

生态养猪的生产过程要逐步实现数字化与科学化管理，具体操作上要程序化、规模化、标准化与制度化，落实到猪场的每一个部门、每一位员工、每一个地方。从保证猪场的安全生产、防止疾病的发生与流行的角度看，实行"全进全出"的饲养管理制度是养猪场最为重要、最核心的一项制度。全场的猪群一律分群隔离饲养（分为种公猪舍、后备母猪舍、配种妊娠舍、产仔舍、保育仔猪舍、育肥猪舍、隔离舍），实行"全进全出"的饲养管理制度，防止疫病交叉传播。当一批猪全部从一栋猪舍出舍后，要及时清扫猪舍，安装维修好所有设备，然后用高压水枪冲洗 2 次，干燥后进行 3 次全面消毒，空舍 2d 后再进入一批新猪。

（五）制订科学合理实用的免疫接种程序，不要盲目免疫接种疫苗

免疫接种是防控疾病有效的、重要的一项技术措施，必须要坚持做好。养猪场一定要根据本场猪病监测情况、抗体水平的高低、疫病流行的规律，结合当地的动物疫情和疫苗的性质与作用，制订科学合理的、符合本场生产实际的免疫程序，有计划地实施免疫接种。千万不要盲目使用疫苗，不要把疫苗免疫接种看成是万能的。疫苗免疫接种的种类过多、次数频繁、长期超剂量使用等都有可能造成猪体产生免疫麻痹与免疫耐受，使疫苗相互之间产生干扰，从而导致免疫接种失败。建议：种猪免疫接种猪瘟、伪狂犬病、蓝耳病、细小病毒病、口蹄疫、流行性腹泻、乙型脑炎等的疫苗。仔猪免疫接种猪瘟、伪狂犬病、蓝耳病、圆环病毒病、口蹄疫、腹泻三联活疫苗、猪支原体肺炎、链球菌病等疫苗。其他疫苗可以不用，若用也应从猪场实际情况出发，选

择性使用。

（六）重视药物的保健，以提高猪的非特异性免疫力

在生态养猪中，根据猪生长发育的不同阶段可能发生的疾病与当地疫病流行情况，可有目的、有针对性地选用某些优质有效的药物，通过短时间在饲料中或饮水中添加，进行预防性保健，以提高猪的免疫力与抗病力，减少各种疾病的发生与流行，这也是一项重要的防控技术措施。预防保健用药要选择安全、无毒副作用，不产生药物残留和耐药性的，具有抗病毒、抗细菌、抗应激、提高免疫力的药物，少用抗生素类药物。目前，生态养猪中常用的重要制剂有黄芪多糖、香菇多糖、灵芝多糖、甘草多糖、红花多糖、茯苓多糖、猪苓多糖、板蓝根、穿心莲、鱼腥草、大青叶、柴胡、双黄连、金银花、连翘等颗粒粉及注射剂；细胞因子制剂，如干扰素、免疫核糖核酸、转移因子、白细胞介素、免疫球蛋白，以及植物血凝素、胸腺肽、聚肌胞等。在兽医临床上将这些药物相互配合使用，可产生协同作用，可提高防治效果。

四、环境因素对肉牛生长发育的影响

（一）光照

合理的光照时间和光照度有利于肉牛生长发育，促进新陈代谢，增强对食物的需求，进而有利于产肉性能等各方面的改善。受季节影响，我国冬季日照强度比较强，足量的光照时间和光照度有利于肉牛抵御严寒，而夏季温度较高，光照时间和光照度较大，此时应注意肉牛的防暑。光照过强可能会增加肉牛患皮炎等皮肤病的概率，光照度过低则可能会导致肉牛自身代谢紊乱，甲状腺激素分泌过多，对肉牛的产肉能力有不良影响。紫外线有一定的杀菌能力，能够杀死肉牛体表的一些致病性微生物，从而能够预防一些疾病发生。紫外线的照射能够促进肉牛机体对钙元素的吸收，有利于骨骼发育；还能促进血液中红细胞、白细胞的生成，提高肉牛的免疫力。有研究表明，牛舍内的光照度应在 50lx 以上，光照时间维持在 8h 左右，在这种情况下肉牛生长比较快速，且日产肉量最多，脂肪在组织中比例较大，肉牛的产肉性能较好。

（二）温度

肉牛对温度变化较为敏感，因此温度对肉牛影响较大，不仅对肉牛的身体健康有影响，而且还对其产肉性能有一定改善作用。研究表明，当环境温度在 $5\sim20℃$ 时，肉牛生长速度最快，日平均增重量最大。高温和低温都不利于肉牛的生长及育肥。夏季，温度比肉牛最佳适宜生活温度高，导致肉牛食欲不

佳，进食量减少，营养供能相对不足，导致其生长缓慢、增重不明显，且牛肉品质下降。此外，高温有利于微生物的生长与繁殖，牛舍内微生物的数量增加，活动频繁，增加了肉牛被感染的概率及患病概率。冬季，温度比肉牛最佳适宜生活温度低，肉牛对饲料的消化利用率降低，此时消耗饲料产生的热能除维持正常生理活动外，还需部分热量用于维持肉牛机体的体温恒定，因此对饲料的需求量增加，增加了肉牛的养殖成本。因此，炎热的夏季要防止中暑，寒冷的冬季则要加强肉牛的保暖工作。有报道指出，夏季牛舍内温度随着时间的变化呈现先升高后下降的趋势，在14：00左右，温度最高，高于肉牛最适生长温度的上限值，可能的原因是牛舍屋顶的材质隔热性不好、室内的通风效果不佳，导致热量散发不出去。而在8：00以及18：00左右，牛舍内温度基本在肉牛可接受范围内。冬季，牛舍内温度虽然高于室外温度，但是也并未在肉牛最佳生长温度范围内。春秋季节，温度较为适宜肉牛生存。因此，在夏季应加强牛舍内的通风，或者通过安装空调来加快舍内空气流动，还可安装喷淋装置，喷出来的雾滴降落在肉牛皮肤表面，雾滴蒸发过程中会带走肉牛表面的一些热量，从而降低肉牛的体温。在冬季，可以安装供暖设施来加大供暖力度，提高牛舍内温度，使基本温度满足肉牛的生长需求。

（三）湿度

湿度对肉牛的健康以及产热特性也有重要影响，主要影响肉牛表面的水分蒸发，进而影响肉牛机体的散热。湿度常与温度共同作用，在温度适宜的环境中，环境湿度对于肉牛的影响较小，环境湿度主要在低温或高温时作用较为明显，影响肉牛对热的调节能力。湿度越大，肉牛对体温的调节能力越低，加之高温，导致肉牛体表水分无法正常挥发，体内热量无法散发出去，热量堆积，体温上升，肉牛正常的新陈代谢受阻，严重者可导致肉牛窒息而死。此外，较高的湿度也利于微生物繁殖，提高肉牛患病的概率。湿度过低，空气较为干燥，空气中悬浮物增多，颗粒粒子数量增加，提高了肉牛患呼吸道疾病的概率。低温低湿会导致肉牛出现冷应激，加大肉牛自身热量的损失，肉牛生长缓慢且对饲料的需求量加大，但饲料转化率下降。数据表明，牛舍环境中空气相对湿度为55%～80%时较为合适。因此，在高温高湿夏季，可以采用搭建凉棚、经常通风、加快空气流动等措施来降低温度，进而降低湿度。而在冬季，需提高舍内温度，控制牛舍内水的用量。

（四）气流

气流主要是通过影响室内的空气流动，进而影响牛舍内的温度、湿度及肉牛机体热量的流动，间接影响肉牛的健康和产肉量。空气流速大，则热量散失较快，肉牛体温下降的速度较快，因此炎热的夏季要经常通风，加快舍内空气流动，促进水分蒸发、加快散热，防止肉牛中暑。但在冬季，空气的快速流动加快了肉牛自身热量的流失，肉牛体温下降较快，可能导致肉牛的冷应激，不利于肉牛快速增长。因此，要合理地控制空气流速。此外，空气的流动也有助于有害气体及时排出，使舍内空气新鲜，可提高饲料利用率和转化率，有利于肉牛快速增长，对改善肉牛的肉质也有一定的促进作用。

牛舍的空气质量对于肉牛的健康和生产性能都有重要的影响作用，牛舍内的粪污、剩料等如果不及时清理会导致发酵，加上肉牛的呼吸会产生大量的二氧化碳，从而导致舍内产生大量的二氧化硫、硫化氢、氨气、二氧化碳等有害气体，如果这些有害气体大量积蓄，会对肉牛产生极大的危害，造成肉牛的食欲下降、精神不佳、免疫力低下，易患多种疾病。另外，如果舍内湿度过大，潮气在舍内蓄积也会影响肉牛的健康和生产性能。因此，肉牛舍要加大通风换气的力度，保持空气流通，将有害气体及时地排出舍外，以保持牛舍空气新鲜，尤其是在夏季，要加快空气流通的速度和强度，以达到降低舍内温度的目的。但是冬季通风时要注意避免舍内温度过低，要处理好通风和保暖之间的关系。

（五）养殖环境的控制

养殖环境与肉牛养殖生产有着密切的关系，适宜的环境可以提高肉牛的饲料转化率，其健康水平可以得到保障，育肥效果较好，可充分发挥肉牛的生产潜能，获得较高的经济效益。养殖环境恶劣会导致肉牛的生长发育缓慢，饲料转化率降低，养殖成本增加，甚至还会出现机体抵抗力下降，诱发多种疾病。因此，肉牛养殖生产要做好养殖环境的控制工作，通过改良饲料配方、提高饲养管理水平、改造畜舍环境等来改善肉牛的养殖环境，从而解决养殖场环境污染的问题。

1. 养殖环境调控

（1）保持养殖环境卫生清洁。牛舍清洁卫生可以提高肉牛的清洁度，减少病原微生物的含量，可有效地降低肉牛发病率。合理设计牛舍和运动场，场区内的净道和污道要分开设置，以免造成交叉感染。每天都要及时清理舍内的粪尿，并且要使用专用的车辆运送到场内指定地点堆放。保持垫料清洁干燥，要勤换垫料。对牛舍要进行定期消毒，杀灭病原菌，保持饲草饲料的清洁卫生，在饲喂前要清理饲料中的尘土等异物，要注意不能饲喂发霉变质的饲草饲料。定期对牛舍进行彻底消毒，包括牛舍四周、地面、设备设施等。注意水源的保护，防止水源受到污染，肉牛养殖场要求水源充足，水质良好，并且水质要符合《无公害食品　畜禽饮用水水质》的规定。要加强水源的保护工作，以保证肉牛能饮到清洁无污染的水,这对于保持牛体正常的新陈代谢、维持身体健康、提高生产性能都非常重要。有条件的养殖场应设置自动饮水装置,满足肉牛的饮水需求。

(2)做好绿化工作。肉牛养殖场要做好绿化工作,这样不但可以美化环境,改变牛场的自然面貌,最重要的是通过种植树木、花草、蔬菜等可以有效改善牛场的小气候,一方面可以减少环境污染,包括减少粉尘、降低噪声、降低有害气体浓度、净化空气、减少空气中细节的含量等;另一方面还可以有效地降低环境的温度,起到防暑降温的作用。此外,还可以起到隔离的作用,对于防疫很有帮助。在养殖场的四周、场区内可以种植乔木和灌木,在运动场和道路的两旁种植高大的树木,营造遮阳林,在空地上可以种植草坪和蔬菜等。

(3)降低噪声污染。肉牛对噪声污染的表现较为敏感,噪声可以使牛的听觉器官发生特异性病变,从而刺激神经反射,引起肉牛食欲下降,出现惊慌和恐怖的情绪,产生强烈的应激反应而影响养殖生产。噪声主要是外界引起的,如汽车、拖拉机、雷鸣等,还包括养殖场内的噪声,如肉牛的叫声、走动、采食、争斗等。噪声会影响肉牛的繁殖性能、引发繁殖母牛出现流产或早产,影响生长发育和增重,使生产力下降,因此要做好牛场附近和牛舍内噪声的控制工作。一般要求牛舍的噪声白天保持在 90dB 以下,夜间保持在 50dB 以下。

(4)做好温、湿度的调节工作。适宜的环境温度可以促进肉牛的生长发育,保持良好的繁殖性能,降低养殖成本,提高养殖经济效益。温度过高会引起肉牛发生热应激,导致肉牛增重缓慢,健康水平下降;温度过低则会降低饲料转化率,增加饲料消耗,因此需将肉牛舍的温度控制在适宜的范围,一般保持在 5~21℃即可。做好温度控制的同时还要保持牛舍适宜的湿度,可以有效地减少舍内病原微生物的含量,减少多种疾病的发生。

2. 空气质量的调节 良好的空气质量可以确保肉牛保持良好的生产性能,新鲜的空气可以促进肉牛的新陈代谢,减少疾病的传播。牛舍内的有害气体浓度不宜过高,一定要避免出现粉尘飞扬的现象,保持牛舍良好的通风。一是保持牛舍空气清新,控制好有害气体的浓度。目前,肉牛舍可分为敞篷式、开放式、半开放式和封闭式 4 种。对于敞篷式、开放式和半开放式牛舍,空气的流动性较大,利于空气质量的调节,但是对于封闭式牛舍,如果圈舍设计不合理、管理不当,同时肉牛的日常活动,如呼吸作用、排泄物的腐败分解等会使空气中的氨气、二氧化碳、硫化氢等有害气体增加,从而影响肉牛的生产力,还会危害肉牛的健康,有害气体会刺激肉牛的呼吸系统,进入体内会影响肉牛的新陈代谢,影响营养物质的消化、运输和吸收等,还会引起肉牛的病理性变化。因此，应设法控制牛舍内有害气体的浓度。牛舍饲养密度要合理，避免饲养密度过大，改善牛舍的卫生情况，及时清理粪污，勤换垫料。加强通风换气，如果自然通风不良，则需要在舍内安装通风换气装置，加大通风换气的强度。目前，还可以利用生物技术方法去除有害气体，原理是在有氧条件下，利用好氧微生物的活动将有气味的气体转为无气味气体，目前已得到了较好的应用。

Chapter 第三章
家畜生长发育规律

生长发育是遗传因素与环境共同作用的结果，研究生长发育既涉及基因表达，又涉及保证基因表达的环境条件。各种家畜的生长发育都有其规律性，不同品种、不同性别和不同时期都会表现出各自固有的特点。研究生长发育对家畜选种非常重要。除了根据家畜不同年龄特点进行鉴定外，还可利用生长发育规律进行定向培育，至少可在当代获得所需要的理想类型。如果长期根据生长发育特点来选择与培育，可望获得新的家畜类型。另外，规模化饲养家畜时，根据所处的发育阶段，采用不同营养浓度的饲料配方，既能保证家畜正常发育，又能将饲料消耗掌握在适宜范围内，从而获取最大经济效益。

第一节　概　　论

任何一种家畜都有自己的生命周期，即从受精卵开始，经历胚胎、幼年、青年、成年、老年各个时期，一直到衰老死亡。生命周期是在遗传物质与其所处环境条件的相互作用下实现的。也就是说，家畜的任何性状都是在生命周期中逐渐形成与表现的。整个生命周期就是生长发育的过程，也是由量变逐渐到质变的过程。

一、生长与发育的概念

生长是机体通过同化作用进行物质积累，细胞数量增多和组织器官体积增大，从而使个体的体尺、体重都增长的过程，即以细胞分化为基础的量变过程，其表现是个体由小到大，体尺体重逐渐增加。

发育是生长的发展与转化，当某种细胞分裂到某个阶段或一定数量时，就分化产生出和原来细胞不相同的细胞，并在此基础上形成新的细胞与器官。即以细胞分化为基础的质变过程，其表现是有机体形态和功能的本质变化。

例如，牛从受精卵开始经过许多阶段的变化，分化出不同的组织器官，形成完整的胎儿，胎儿成长出生，从幼年直至成年，这就是发育现象；而另外一种现象，如牛的四肢及其他各器官不断增长，但头仍然是头，脚依旧是脚，并未发生本质转化，这就是生长现象。

综上所述，生长和发育是同一生命现象中既相互联系又相互促进的复杂生理过程，生长通过各种物质积累为发育准备必要的条件，而发育经过细胞分化与各种组织器官的形成又促进了机体的生长。

二、研究生长发育的方法

目前，主要采用定期称重和测量体尺的方法对家畜生长发育进行研究，并将取得的性能信息进行统计分析，以指导生产。随着现代科学技术的发展，对生长发育的研究水平逐渐提高，如利用各种先进仪器探测猪的背膘厚度和眼肌面积，分析研究家畜生理、生化、组织成分的年龄变化与生长发育阶段变化的规律，采用分子生物学技术探讨决定肉、蛋、奶、毛等功能基因组等，这些对家畜育种学来说是更高层次的科学研究方法。

（一）观察与度量

人们通过长期的生产实践观察，积累了很多观察家畜生长发育方面的经验。例如，根据牙齿的脱落和磨损程度来鉴别马、牛、羊的年龄；根据牛角轮的数目和家禽羽毛的生长与脱换等，鉴定其年龄大小和发育阶段。但这些都是对质量性状的描述，没有用具体数字来表达，必须以称重和体尺测量的数据来说明生长发育变化规律。称重和体尺测量的时间与次数因家畜种类、用途及年龄不同而异。对育种群和幼龄家畜多称测几次，对其他类家畜则可减少测定次数。以科研为目的的应更细致准确，可多测几次，而以生产为目的的可少称测几次。一般情况下，猪、羊在初生、20 日龄、断奶时分别称测 1 次，断奶以后每个月测 1 次；马、牛在初生、断奶、配种前后各称测 1 次，至成年时每半年测 1 次；家禽则每周或每 10d 测 1 次。

一般称重和测量体尺应同时进行，测得的数值一定要精确可靠，应全面认真考虑，如测具本身的精确性；家畜本身的生理状态，如是否妊娠；管理与饲养情况，如饲喂前后、放牧前后、排粪前后；测量时家畜站立姿势等。在畜群较大时，可采用随机抽样的方法，测量部分个体，用其平均数来代表整个畜群生长发育的情况。

对体重和体尺的测定是从不同角度研究分析家畜生长发育情况的。为真实地反映生长发育状况，必须保证饲养管理条件正常。在营养不良情况下，幼畜的体重较轻，但体躯长度等方面仍有增长，这样就会造成体重和体尺发育的不协调。

（二）家畜体尺测量

家畜体型外貌评定主要通过肉眼观察和体尺测量进行。肉眼观察主要是对那些不能用工具测量的部位通过肉眼观察，参照一定的标准加以评判。这要求鉴定人员有一定的经验，但难免受主观因素的影响。体尺测量是用测量工具对家畜各个部位进行测量。常用的测量工具有测杖、圆形测定器、测角计和卷尺等。这些工具在使用前都要仔细检查。测量时要使被测个体站在平坦的地方，姿势保持端正。测量人员一般站在被测个体左侧，测具应紧贴所测部位表面，防止悬空测量。

1. 体型外貌评定家畜体尺与测量部位

（1）体高（甲高）。鬐甲顶点至地面的垂直高度。

（2）背高。背部最低处到地面的垂直高度。

（3）荐高。荐骨最高点到地面的垂直高度。

（4）端高。坐骨结节上缘至地面的垂直高度。

（5）体长（体斜长）。从肩端到臀端的距离。猪的体长则是自两耳连线中点沿背线到尾根处的距离。

（6）胸深。由鬐甲至胸骨下缘的直线距离（沿肩胛后角量取）。

（7）胸宽。肩胛后角左右两垂直切线间的最大距离。

（8）腰角宽（宽）。两侧腰角外缘间的距离。

（9）臀端宽（坐骨结节宽）。两侧坐骨结节外缘间的直线距离。

（10）臀长（尻长）。腰角前缘至臀端后缘的直线距离。

（11）头长。牛自额顶至鼻镜上缘的直线距离；马自额顶至鼻端的直线距离，为两耳连线中点至吻突上缘的直线距离。

（12）最大额宽。两侧眼外缘间的直线距离。

（13）头深。两眼内角连线中点到下颌骨下缘的切线距离。

（14）胸围。沿肩胛后角量取的胸部周径。

（15）管围。在左前肢管部上 1/3 最细处量取的水平周径。

2. 体尺材料的整理　根据研究目的对体尺材料进行整理，得出相应的体尺指数，从而对家畜进行外貌评定。体尺指数即一种体尺与另一种体尺的比率，是用以反映家畜各部位发育的相互关系及体型结构特点的指标，常用的体尺指数有：

（1）体长指数（体型指数）。该指数可用以说明体长和体高的相对发育情况。此指数随年龄增长而增大。公式为：

$$体长指数＝体长/体高×100\%$$

（2）胸围指数（体幅指数）。它表示体躯的相对发育程度。肉牛的胸围指数大于奶牛。在草食家畜中，此指数随年龄增长而增大。其公式为：

$$胸围指数＝胸围/体高×100\%$$

（3）管围指数（骨量指数）。它可表示骨骼发育情况，此指数随年龄增长而增大。其公式为：

$$管围指数＝管围/体高×100\%$$

（4）体躯指数。它可表示体量发育程度，此指数与年龄变化关系不大。其公式为：

$$体躯指数＝胸围/体长×100\%$$

（5）肢长指数。它可表示四肢的相对发育情况。乳用牛此指数比肉牛大。幼畜肢长指数大，若过小说明发育受阻。此指数随年龄增加而变小。其公式为：

$$肢长指数＝胸肢长（体高－胸深）/体高×100\%$$

（6）胸髋指数。它可判断家畜胸部宽度的相对发育情况。肉牛大于乳用牛，此指数随年龄增长而变小。其公式为：

$$胸髋指数＝胸宽/腰角宽×100\%$$

（7）胸指数。它可说明胸部发育情况，但应与胸髋指数共同使用。此指数肉牛比乳用牛大。此指数与年龄变化关系不大。其公式为：

$$胸指数＝胸宽/胸深×100\%$$

（8）臀高指数。它可说明家畜幼龄时期的发育情况。此指数随年龄增长而变小。其公式为：

$$臀高指数＝荐高/体高×100\%$$

（9）额宽指数。它可说明家畜头部宽度的相对大小。早熟肉用牛此指数比晚熟品种及乳用牛要大，公畜比母畜要大。此指数随年龄增长而变小。其公式为：

$$额宽指数＝最大额宽/头长×100\%$$

（10）头长指数。此指数乳用牛比肉用牛大。该指数随年龄增长而增大。其公式为：

$$头长指数＝头长/体高×100\%$$

（三）计算与分析

对生长发育进行研究，其理论依据是从动态观点来研究家畜整体（或局部）体重体尺的增长，是研究比较各种组织（器官）随着整体的增长而发生比例上的变化。通常采用的计算方法有以下几种：

1. 累积生长　任何一个时期所测得的体重或体尺都代表该家畜被测定以前生长发育的累积结果。它是评定家畜在一定年龄时生长发育好坏的依据。若以图解方法表示，将时间作为横坐标，体重或体尺作为纵坐标，其曲线通常呈S形，但实际测定的生长曲线常因品种和饲养管理的不同而有所差异。

2. 绝对生长　在一定时间内体重或体尺的增长量，用以说明某个时期家畜生长发育的绝对速度，通常以下列公式表示：

$$G = \frac{W_1 - W_0}{t_1 - t_0}$$

式中，G 为绝对生长；W_0 为始重，即前一次测定的体重或体尺；W_1 为末重，即后一次测定的体重或体尺；t_0 为前一次测定时的月龄或日龄；t_1 为后一次测定的月龄或日龄。例如，甲、乙两头牛的初生重同为 51kg，1 个月后，甲牛体重为 73kg，乙牛为 70kg，在 1 个月内，甲牛增长了 22kg，乙牛增长了 19kg。

在生长发育的早期，由于家畜幼小，绝对生长不大，以后随年龄的增长逐渐增加，到达一定时间后又逐渐下降，在理论上呈抛物线形。绝对生长速度在生产上使用较普遍，是用来检查供给家畜的营养水平、评定其优劣和制订各项生产指标的依据。在肉用畜生产中，多用以评定肉用畜育肥性能的优劣。

牛、猪和羊的绝对生长曲线见图 3-1。从图 3-1 中可见，不同畜种绝对生长高峰是不同的，猪的绝对生长高峰在 1.5 岁左右，羊的绝对生长高峰在 1.3 岁左右，牛的绝对生长高峰在 3.8 岁左右。理论上绝对生长曲线呈钟形，其最高点相当于累积生长曲线的拐点。

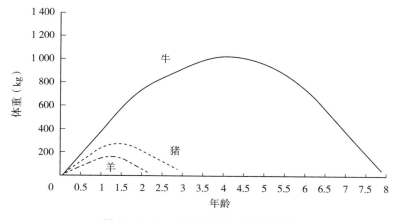

图 3-1　牛、猪和羊的绝对生长曲线

3. 相对生长　家畜在一定时间内体重增长量占原来体重的比率，是反映生长强度的指标。绝对生长只反映生长速度，没有反映生长强度。例如，有两头牛，其中一头为 90kg 的犊牛，日增重 1kg，另一头为 250kg 的育成牛，日增重也是 1kg，从绝对生长速度来说两头相同，但用相对生长来比较，犊牛的生长强度较大。相对生长（R）的公式：

$$R = \frac{W_1 - W_0}{W_0} \times 100\%$$

上面公式有一个缺点，因为它是以始重和末重为基础，没有考虑到新形成部分也参与机体的生长发育过程。因此，可改为用始重与末重的平均值相比，其公式如下：

$$R = [(W_1 - W_0)/(W_1 + W_0)/2] \times 100\%$$

相对生长随年龄的增长而逐渐下降，最初阶段下降快，以后逐渐减慢。所以，相对生长呈现 L 形曲线。在育种实践中，通过相对生长计算，可以比较不同品种和不同生长阶段家畜的生长发育情况。

现将累积生长、绝对生长、相对生长绘成 3 条曲线以便加深理解（图 3-2）。

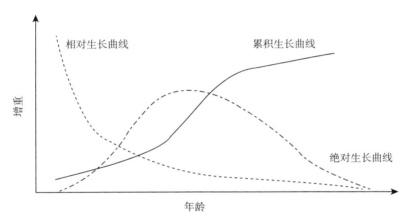

图 3-2　不同生长曲线的理论图形比较

4. 生长系数　开始时和结束时测定的累积生长值的比率，也即末重占始重的百分比，它也是相对生长的一种，以 C 代表生长系数，其计算公式为：

$$C = \frac{W_1}{W_0} \times 100\%$$

在计算生长系数时，一般习惯以初生时的累积生长为基准。当其与结束时的累积生长值相差过大时，往往采用生长加倍次数（n）表示其强度，其公式为：

$$W_1 = W_0 \times 2^n$$

或变形为

$$n = \frac{\lg W_1 - \lg W_0}{\lg 2}$$

5. 相对生长系数　个别组织器官的生长系数占全部组织器官生长系数的百分比。表示个别组织器官的生长强度与全部组织器官生长强度之间的关系，其公式为：

$$相对生长系数 = \frac{个别器官生长系数(C)}{全部器官的生长系数(C'')} \times 100\%$$

6. 分化生长率　所研究的部位或器官在特定时间内的增长与整体相对生长的比例。公式为：

$$Y = bX^a$$

式中，Y 为所研究器官或部位的重量或大小；X 为整体减去被研究器官或部位后的重量或大小；a 为被研究器官相对生长和整个机体相对生长之间的比率，即分化生长率；b 为所研究器官或部位的相对重量或大小，为一常数。

在实际应用中，a 的数值只能根据两次或两次以上的测定资料才可求得，如第 1 次测定个别器官的重量为 Y_1，除去该器官重量后的体重为 X_1，其公式为 $Y_1 = bX_1^a$，取对数，即 $\lg Y_1 = \lg b + a \lg X_1$；第 2 次称重后分别得 Y_2 和 X_2，同理 $\lg Y_2 = \lg b + a \lg X_2$，解方程得

$$a = \frac{\lg Y_2 - \lg Y_1}{\lg X_2 - \lg X_1}$$

例如，仔猪生长发育屠宰数据见表 3-1。

表 3-1　仔猪生长发育屠宰数据（g）

年龄	骨　重	骨、肉、脂肪、皮总重
初　生	242.7	787.7
7 月龄	7 369	76 998

求 a：解 $Y_1 = 242.7g$，$Y_2 = 7\ 396g$，$X_1 = 787.7 - 242.7 = 545g$，$X_2 = 76\ 998 - 7\ 396 = 69\ 602g$，$a = 0.704\ 5$。

通过以上计算，可以说明局部和整体在生长过程中某一阶段的规律。$a = 1$ 说明局部与整体的生长速度相等；$a > 1$ 说明局部生长速度大于整体的生长，该局部为晚熟部位；$a < 1$ 说明该局部生长速度小于整体的生长，该部位为早熟部位。

（四）生长发育模型

在肉用家畜的育种和生产中，需要研究生长发育的规律。利用曲线拟合技术建立理想环境中的生长发育（曲线）模型，有利于判断与分析饲养管理合理与否，比较不同品种、不同亲缘关系遗传品质等。

建立生长发育模型分为模型的选取、参数的估计与模型确定 3 个步骤。生长曲线是描述体重随年龄增长的变化规律的，一般表现为 S 形曲线，所以主要选用 S 形曲线函数。用观测数据对每个模型的参数进行估计，不同模型与标准曲线的符合程度不同。通过比较模型估计值与观测值间的误差大小，最后把估

计误差最小的模型确定为该畜禽的生长曲线模型。参数估计是生长曲线模型建立过程的最重要的步骤。参数的估计方法很多，而人们对参数估计方法选择的习惯是能直接化的模型都采用"曲线改直"法，不能直线化的模型采用Marquardt法或单纯形法。因为不同拟合方法具有不同的拟合精度，这就使不同模型的确定失去了可比条件。因此，不同模型的参数估计必须采用能获得最佳参数估计的方法。下面介绍几种适于生长曲线的近似拟合方法，这种方法简而易行，拟合精度较好，若追求更高的拟合精度，可作为高精度方法确定参数初值的方法。

1. 指数生长曲线 公式为 $W = W_0 e^{rt}$，通过数据 $(W_i，e^{rt}i)$，$i = 1$，$2，\cdots，n$，估计出 W_0，对应的 $\sum(W - \hat{W})^2$ 最小，$\hat{W}$ 为估计值，W 为指数生长曲线，W_0 为初生重。

设 $T = e^{rt}$，则 $W_0 = \sum \dfrac{\sum WT}{\sum T^2}$。

2. Logistic 生长曲线 公式为 $W = \dfrac{k}{1 + e^{a-rt}}$，通过数据 $(\ln \dfrac{k - W_i}{W_i}，t_i)$，$i = 1，2，\cdots，n$，估计 a，但这时对应的误差平方和为变量 $\ln \dfrac{k-W}{W}$ 的估计误差平方和最小，要获得原变量 W 更高的估计精度，利用最小二乘加权处理法求 a。

设 $g = \dfrac{k - W}{W}$，$h = \dfrac{dW}{dg} = W\left(\dfrac{W}{k} - 1\right)$，

因为 $W = \dfrac{k}{1 + e^{a-rt}}$，$\ln = \dfrac{k - W}{W} = a - rt$，

所以 $g = a - rt$，

那么 $a = \dfrac{\sum hg + r\left(\sum ht\right)}{\sum h}$。

3. Gompetrtz 生长曲线 Logistic 生长曲线等式两边取自然对数变为 $\ln W = \ln k - b e^{-rt}$，与 Logistic 生长曲线相同处理求 b。

设 $u = \ln W，v = \dfrac{dW}{du} = W，q = -e^{-rt}$

所以 $b = \dfrac{\sum uvq - \left(\sum uv\right)\left(\sum vq\right)/\sum v}{\sum vq^2 - \left(\sum vq\right)^2/\sum v}$

Logistic 曲线与 Gompertz 曲线都含参数 k（体重增长极限），3 条生长曲线中都含 r（生长速度）。依照曲线参数的生物学意义，拟合一种畜禽生长规

律，相同参数在不同模型中应相同，但 k 与 r 在每个模型中却不同。这是因为用一组数据拟合曲线，参数是在满足这组数据（W）的估计误差平方和最小的情况下估计出来的。如果用接近生长极限的全部资料来拟合，则每个模型同参数估计值基本相同。

第二节　生长发育性状及分析

研究生命现象时，人们发现生物之间有一些共同的规律，如细胞的基本结构、生理生化过程，不论是植物、动物还是人类大致都相同。但是每种生物又有其自身的系统发育和个体发育的特殊性。在研究家畜生长发育规律时，发现其具有阶段性和不平衡性两大规律。

一、生长发育的阶段性

在家畜生长发育的全过程中，可以观察到有几个比较明显区分的时期。每一个时期家畜的结构和生理生化过程都有一定的特点，而且只有完成一定的生长时期后，才转入另一个生长时期，这个时期被称为生长发育阶段。植物和昆虫的发育阶段都比较明显，而哺乳动物除胚胎时期外不像其他动植物那样明显。但经仔细研究后，同样可观察到几个生长发育阶段。家畜生长发育阶段多以出生前后作为分界线，将整个生长发育过程分为胚胎时期和生后时期，然后根据不同特点及与生产实际的关系，再划分为几个时期。

（一）胚胎时期

这是家畜生长发育中细胞分化最强烈的时期。在这个时期，受精卵经过急剧的生长发育过程演变为复杂且具有完整组织器官系统的有机体。根据胚胎在母体子宫中所处的环境条件以及细胞分化和器官形成的时期不同，一般把胚胎时期又划分为以下 3 个时期：

1. 胚期　从受精卵开始到与母体建立联系时为止。受精卵移行到子宫角内，初期依靠本身储备的营养进行卵裂。当进入囊胚期时形成滋养层，直接与子宫接触，以渗透方式获得营养。此期绵羊和猪一般为 10d，牛一般为 12d，而兔一般为 8d。

2. 胎前期　主要特征是胎盘完全形成，并且通过绒毛膜牢固地与母体子宫壁建立联系。牛由 35d 到 60d 持续期 26d 左右，绵羊从 29d 起，持续到 45d。此期结束时，所有器官的原基几乎均已形成，相继出现种的特征。

3. 胎儿期　主要特征是体躯及各种组织器官生长迅速，体重增加快，同时形成了被毛与汗腺，品种特征可明显区分。家畜胚胎期的长短因畜种不同而有差别，而且各种器官的分化时期也不同。表 3-2 简要说明了几种家畜各组织器官生长发育的阶段性。

表 3-2 胚胎期不同家畜各组织器官生长发育的阶段性简表（d）

发育水平	牛	绵羊	猪
桑葚期	6～7	3～4	3.5
囊胚期	8～12	4～10	4.75
胚层分化	14	10～14	7～8
体节分化	20（第 1 对）	17（9 对体节）	14（3～4 对体节）
绒毛膜向未孕子宫内伸长	20	14	—
心搏动明显	21～22	20	16
尿囊显现，呈钩形	23	21～28	16～17
前肢等可见	25	28～35	17～18
后肢等可见	27～28	28～35	17～19
鼻和眼已分化	30～45	42～49	21～28
初期附值	33	21～30	24
毛囊初现	90	42～49	28
牙齿出生	110	98～105	—
体表有毛被覆盖	230	119～126	—
出生	280	147～155	112

由于遗传上的差异和系统发育的时间不同，不同畜种的胚胎期是不同的。一般来说，大家畜的胚胎时期较长，小家畜的则较短，见表 3-3。

表 3-3 不同家畜胚胎期的时间（d）

家畜种类	生长发育时期划分		
	胚期	胎前期	胎儿期
兔	1～12	13～18	19～30
猪	1～22	23～38	39～114
羊	1～28	29～45	46～150
牛	1～34	35～60	61～284

就胚胎重量的增长速度来看，各种家畜相差更大。家兔胎儿 1 月龄重量在 42.0g 左右，而绵羊和牛此时还处于胎前期，绵羊 34 日龄时胚胎重量为 2.2g，牛 37 日龄时仅 0.96g，见表 3-4。

表 3 - 4　胚胎期不同家畜胚胎发育的长度与重量

畜种	胚期			胎前期			胎儿期		
	日龄	长度	重量	日龄	长度	重量	日龄	长度	重量
兔	12	1cm	0.12g	14.5	1.3cm	0.2g	19.5	3.7cm	2.8g
				15.5	1.4cm	0.3g	21.5	4.9cm	5.9g
				16.5	2.2cm	0.8g	23.5	5.3cm	7.5g
				18.5	3.4cm	1.9g	29.5	9.5cm	42.0g
绵羊	—	—	—	34.0	3.1cm	2.2g	58.0	12.0cm	64.0g
				36.0	3.6cm	3.5g	74.0	19.2cm	240.1g
				38.0	4.2cm	4.7g	94.0	28.2cm	760.0g
				42.0	5.4cm	7.3g	104.0	33.0cm	1 245.0g
				46.0	7.5cm	15.3g	140.0	44.0cm	3 400.0g
牛	32	1.27cm	0.35g	37.0	1.8cm	0.96g	70.0	9.4cm	37.0g
				40.0	2.3cm	1.5g	90.0	16.4cm	160.0g
				45.0	3.1cm	2.8g	120.0	27.1cm	820.0g
				50.0	3.9cm	4.8g	150.0	36.8cm	2 750.0g
				55.0	4.6cm	8.2g	215.0	70.0cm	16 100.0g
				60.0	6.6cm	14.0g	245.0	82.0cm	27 000.0g

　　为了进一步说明胚胎在不同发育时期内生长强度的差异，现以整个胚胎发育时期作为 100，分三等分时间内的胚胎生长强度见表 3 - 5。

表 3 - 5　家畜胚胎在不同时期内的生长强度（％）

家畜种类	整个胚胎发育时期的			整个胚胎发育时期
	第 1 个 1/3	第 2 个 1/3	第 3 个 1/3	
兔	0.02	9.3	90.68	100
猪	2.00	24.0	74.00	100
羊	0.50	23.7	75.80	100

　　由表 3 - 5 表可见，在胚胎发育的前 1/3 时期中，猪的胚胎生长最迅速，兔的胚胎生长最缓慢；在第 2 个 1/3 时期中，兔的胚胎生长也同样缓慢，猪和羊的胚胎生长强度相近；在最后的 1/3 时期中，兔的胚胎增重大约等于整个胚胎发育期重量的 90 倍，而猪和羊则只占 75％左右。

　　上述事实说明，在家畜胚胎发育的前期和中期，绝对增重不大，但分化很强烈，因此对营养的要求主要是质的要求，而母体能满足其量的需求。胚胎发育后期由于胎儿增重迅速，母体也需要储备一定营养以供产后泌乳，所以此阶段对营养的需要量急剧增加。如果营养不足，将会直接造成胎儿发育受阻或产后缺奶。

综上可见，胚胎时期是发育最强烈的阶段，特别表现在细胞分化上，从而产生了有机体各部分的复杂差异。在发育的顺序上，一般均是随着胚胎日龄的增长发育逐渐被较快的生长所代替，特征相似的细胞迅速增多及体积增大。

（二）生后时期

初生至死亡，此阶段生长发育的特点与胚胎时期差别较大，许多生命活动方式也随之变化。根据生理机能特点，将此阶段划分为哺乳期、幼年期、青年期、成年期、老年期 5 个时期。

1. 哺乳期　初生至断乳，这是幼畜对外界条件逐渐适应的时期，其特点表现为：

各种组织器官的构造和机能变化显著。具体表现为由依靠母体血液供氧转变为独立气体代谢，呼吸系统机能迅速适应新的条件；原来依靠母体脐带供应营养，出生后消化系统迅速生长发育，机能日臻完善。例如，仔猪出生时消化器官很不发达，胃重约 8g，仅容纳 40～50g 乳汁；21 日龄胃重 35g，容积也增大 3～4 倍；60 日龄时胃重达 150g，容积增加 19～20 倍。此外，初生仔猪胃中盐酸分泌机能不健全，唾液和胃蛋白酶分泌也不多，仅为成年的 1/4～1/3，到 3 月龄才达成年的分泌量。这段时间各种消化酶随年龄的增加而增长，造血机能由肝和脾产生血细胞开始转为由骨髓造血。

母乳是哺乳期主要的营养来源。出生时，初乳中的蛋白质和维生素含量比常乳高出许多倍。常乳的蛋白质含量，马 2.69％、羊 5.94％、猪 6.22％，而初乳中蛋白质含量，马 17％，羊和猪均是 15％左右。初乳中还含有大量抗体，保证仔畜早期有较强的抗病能力。随着幼畜消化机能的逐渐完善，幼畜对母乳的依赖也日益减小，幼畜开始吃料，而且采食量慢慢增加，最后完全断奶。

体尺体重生长发育迅速。一般仔猪生后 10d 的活重为初生重的 1.16 倍，1 月龄为 3.33 倍，2 月龄为 9.91 倍。

对环境的适应能力较差。犊牛的总死亡数中，生后 10d 内死亡的占 50％；第 2 个 10d 内占 22％；仔猪生后 10d 内死亡数占总死亡数的 66.7％，第 3 个 10d 内占 13％左右。由此可见，随年龄增长仔畜对新环境的适应能力增强，所以在出生初期必须加强饲养与护理。

2. 幼年期（断奶至性成熟）　家畜体内各组织器官逐渐接近成年状态，性机能开始活动，此期是定向培育的关键时期。其特点如下：消化能力增强。由依赖母乳过渡到自己采食饲料，采食量不断增加，消化能力大大加强。骨骼和肌肉迅速生长，各组织器官相应增大，特别是消化器官和生殖器官的生长发育强度最大。体重增长逐渐达高峰。绝对增重逐渐上升，奠定了今后生产性能和体质外形的基础。

3. 青年期（性成熟至体成熟）　家畜机体生长发育接近成熟，体型基本定型，能繁殖后代。其特点是：各组织器官的结构和机能日趋完善，绝对增重达到最高峰并开始下降，生殖器官发育完善，母畜乳房的生长强度加快。

4. 成年期（体成熟至开始衰老）　此期生产性能达到稳定状态，其特点是：各种组织器官发育完善，生理机能完全成熟，抗病力较强，代谢水平稳定，生产力水平达到最高峰，性机能活动最旺盛，体型定型，脂肪沉积能力强。

5. 老年期（开始衰老至死亡）　整个机体代谢水平开始下降，各种器官的机能逐渐衰退，饲料利用能力和生产力下降，除少数优良个体外，绝大部分都应淘汰。

上述各个生长发育时期的划分是相对的，各时期的长短可人为控制，使其在一定范围内加快或延缓。

二、生长发育的不平衡性

有关生长发育的研究结果表明，在家畜生长发育过程中，表观部位和组织器官，部分和整体，不同时期的绝对生长或相对生长，都不是按相同比例增长的，而是在不同的生长发育时期，有规律地表现出高低起伏的不平衡状态，其主要体现在以下几个方面：

1. 体重增长的不平衡　家畜出生后，体重随着年龄的增长而增长，到一定日龄达到最高峰，成年后绝对体重增重很少。例如，东北民猪增重的月龄变化可分为 3 个阶段，见表 3-6。从表 3-6 中可见，第 2 阶段的增重比例最高，以后就出现下降。在养猪生产中，在增长最快的阶段，充分满足增重的营养需要，可缩短饲养期，获取最大效益。

表 3-6　东北民猪在生后各阶段的体重相对增长情况

项目阶段	绝对增重				相对增重			
	第 1 阶段	第 2 阶段	第 3 阶段	全期	第 1 阶段	第 2 阶段	第 3 阶段	全期
月龄	出生至 6	6~12	12~18	出生至 18	出生至 6	6~12	12~18	出生至 18
增重	54kg	109kg	30kg	193kg	28%	56%	16%	100%

从生长强度的变化来分析，可总结以下几个规律：年龄越小生长强度越大，胚胎时期比生后时期生长强度大，幼年期比成年期生长强度大。例如，猪的受精卵重量只有 0.4mg，初生重为 1kg 左右，由受精卵到出生的重量加倍

次数为21.25，而出生到成年（体重200kg左右），整个生后期重量加倍次数为7.46。牛胚胎期重量加倍次数为26.06，生后期的重量加倍次数为3.84。各种家畜不同生长发育时期的加倍次数不同，但胚胎期加倍次数均高于生后时期（表3-7）。

表3-7　各种家畜在不同生长发育时期重量加倍次数

畜种	合子重（mg）	初生重（kg）	成年体重（kg）	妊娠期（月）	重量加倍次数						生后生长期（月）
					胚胎期		生后期		全期		
					加倍次数	占全期（%）	加倍次数	占全期（%）	加倍次数		
猪	0.40	1	200	3.8	21.25	73.55	7.64	26.45	28.89		36
牛	0.50	35	500	9.5	26.06	87.16	3.84	12.84	29.9		48～60
羊	0.50	3	60	5	22.52	83.90	4.32	16.10	26.84		24～36
马	0.60	50	500	11.34	26.3	88.43	3.44	11.57	29.74		60
犬	0.40	0.2	11	2.1	19.09	78.95	5.09	21.05	24.18		24
猫	0.60	0.08	3.8	1.87	17.07	74.67	5.79	25.33	22.86		18

从表3-7中还可看出，大家畜在胚胎期的生长强度较大，生后期小家畜的生长强度远远超过大家畜。

综上所述，家畜早期体重增长较迅速，后期则较缓慢，大家畜各生长发育时期比小家畜长，但在胚胎时期重量加倍次数比小家畜大。所以在生产上，应特别重视对妊娠母畜的饲养管理及幼畜的培育。

2. 骨骼生长的不平衡　骨骼是外形的基础，是全身的支架。例如，体高的大小与四肢骨骼的长短成正比，而体躯的长短、深浅和宽窄则与体轴骨骼的生长程度关系大。因此，为深入了解家畜外形部位的差异，必须先了解各种骨骼在不同时期的生长规律。一是骨骼和体重之比的不平衡。骨骼在不同时期的生长强度不同，出生前生长较快，出生时骨重占体重的18%～30%，生后则生长强度逐渐下降，成年时骨重仅为体重的7%～13%，见表3-8。

表3-8　家畜不同生长时期骨骼占体重百分比的变化（%）

生长时期	羊	牛	马
出生	18	25	30
成长	7	10	13

二是四肢与体轴骨增长之比的不平衡。草食家畜出生前，四肢骨的生长

快，故出生时四肢显得特别长，尤其是后肢（前肢骨较后肢骨晚熟一些）。例如，犊牛在胚胎期，四肢骨的重量生长系数超过体轴骨近 1 倍（34.02：18.81）；出生后，体轴骨生长变得强烈，四肢骨的生长强度开始下降，所以成年体躯逐渐加长、加深和加宽，四肢相对变粗变短。再如育成公羊的肋骨生长系数要比管骨生长系数约大 6 倍（30.1：5.1）。为了更直观地了解四肢骨与轴骨增长的不平衡，可从图 3-3 中看出，红鹿在胚胎 72d，体轴骨发育占优势，而在胚胎 225d 时则四肢骨占优势（图 3-3）。

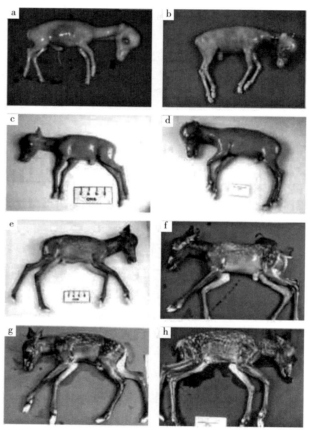

图 3-3　红鹿胚胎期八阶段的发育
a～h 分别为妊娠后 72d、101d、116d、128d、147d、175d、200d 和 225d

　　三是体轴各骨之间生长强度之比的不平衡。体轴各骨发育的早晚与距离头骨的远近有关。出生前头骨生长最旺盛，出生后生长强点依次转移到颈椎、胸椎、荐椎和骨盆。

　　四是四肢各骨之间生长强度之比的不平衡。四肢各骨生长速度快慢的顺序是由下而上，出生前指骨和管骨生长较快，出生后生长强点依次转移到前膊骨、上膊骨、胫骨、肩胛骨和股骨。

五是各骨骼本身发育的不平衡。例如，管状骨，长度先发育，然后厚度增加。

体轴骨和四肢骨的生长强度有顺序依次移行的现象，称为生长波或生长梯度。家畜骨骼有两个生长波，一个是主要生长波，即从头骨开始，生长强度向后依次移行到腰荐部；另一个是次要生长波，从四肢下端开始，依次向上移行到肩部和骨盆部。其基本规律是，距离生长波起点较近的部位发育较晚，但随年龄增长生长强度逐渐变小，距离生长波起点较远的部位虽发育较晚，但随年龄增长生长强度逐渐增大。两个生长波汇合的部位称为生长中心，牛、马、羊的生长中心在荐部和骨盆部，猪则在腰部。最高生长强度出现最晚的部位是全身最晚熟的部位，又是家畜出肉最多、肉质最好的地方。如在生长强度高峰期营养不足将使后躯变得浅窄，影响产肉量。

3. 外形部位生长的不平衡　不同时期的外形部位变化与全身骨骼的生长顺序密切相关。牛、马、羊初生幼畜的外形特点是头大、腿长、躯干短、胸浅、背窄、荐部高、毛短皮松、肉少骨多，而成年后则躯干变长、胸深而宽、四肢相对较短、后躯高的现象消失、各部位变得协调匀称、肌肉与脂肪增多，见图 3-4。

| 犊牛与青年牛 | 青年牛与成年牛 | 犊牛与成年牛 |

图 3-4　犊牛、青年牛、成年牛外形比较

由图 3-4 可看出，成年牛不是犊牛的简单放大，而是各有其特殊的体态结构，主要是身体各个部位和各个组织的生长速度不同造成的。

草食家畜出生前体高方面的体尺（体高与荐高）增长较快，出生后体长方面的（体长与颈长）生长占优势，成年后深度和宽度方面的体尺（胸深、胸宽和尻宽）生长强烈。总之，一头幼畜生长发育过程是先长高，后加长，最后变得深而宽。

个体发育虽在一定程度上是系统发育的重演，但由于遗传基础的差异，不同种的家畜出生时所处的生长发育状态不同。

例如，猪等杂食动物是在经过长度和体积的第 1 次增长高峰以后出生，因此出生时的体长较大，四肢相对较短；而草食动物则是在经过了高度增长高峰后才出生，出生时头大、腿长、体躯较短。出生以后，杂食动物需要经过一段时间才开始长度和体积的第 2 次生长高峰；而草食动物则在出生以后很快就达到体长和体宽方面的生长高峰。

4. 组织器官生长发育的不平衡 动物机体不同组织发育的早晚与快慢的顺序是先皮肤和骨骼，后肌肉和脂肪。现以广东大花白猪的资料为例说明，见表 3 - 9。

表 3 - 9　大花白猪不同月龄皮肤、骨骼、肌肉、脂肪的相对生长

年龄	皮肤			骨骼			肌肉			脂肪			总计		
	重量(g)	生长系数	相对生长系数(%)	重量(g)	生长系数	相对生长系数(%)	重量(g)	生长系数	相对生长系数(%)	重量(g)	生长系数	相对生长系数(%)	重量(g)	生长系数	相对生长系数(%)
出生	89.7	—	—	142	—	—	185.8	—	—	30.2	—	—	447.7	—	—
2月龄	595.9	664	60	923.6	650	59	2 419.5	1 302	117	1 027.5	3 402	307	4 966.5	1 109	100
4月龄	730.1	814	65	1 116.5	786	63	3 058.3	1 646	131	725.7	2 403	191	5 630.6	1 258	100
6月龄	1 712.2	1 909	72	2 063.3	1 453	55	6 098.7	3 282	124	2 011.8	6 662	251	11 886	2 655	100
8月龄	3 042	3 391	60	3 337	2 350	42	11 095	5 971	105	7 872	26 066	460	25 346	5 661	100
10月龄	4 988.4	5 561	69	4 000.1	2 817	35	15 123	8 139	101	12 076.3	39 988	495	36 187.8	8 083	100
12月龄	8 203.3	9 145	75	5 298.2	3 731	31	21 549	11 598	95	19 347	64 063	527	54 397.5	12 150	100

从表 3 - 9 中可见，大花白猪骨骼的生长强度（相对生长系数）是随年龄的增长先增长后缓慢下降，皮肤的生长保持相对稳定的水平，肌肉的生长强度上升到一定水平后开始下降，脂肪生长强度则随年龄的增长先下降后加强。

就单一组织来看，同样也有年龄变化。例如，肌肉一般是随年龄增长而肉量增多、纤维加粗、肌束增大、肉色变深、肉味变浓、蛋白质增多、水分减少。早熟的专门化肉用品种（品系）就是在生后前几个月内动型肌肉充分生长，而静型肌肉（结缔组织）则生长较弱，这样的肉较柔嫩、易消化。再如脂肪沉积，先储存于内脏器官附近，然后在肌肉之间，继而于皮下，最后储存于肌肉纤维中形成大理石状肌肉。

各器官随年龄的增长生长速度也不一样。有学者将各种器官按其生前和生后生长强度分为 3 个级别，见表 3 - 10。

表 3-10　不同生长发育时期各组织器官生长强度

发育时期		生后时期		
	级别	1	2	3
胚胎时期	1	皮肤、肌肉	骨髓、心脏	肠
	2	血液、胃	肾	脾、舌
	3	睾丸	肝、肺、气管	脑

从表 3-10 中可见，皮肤和肌肉在胚胎时期和生后时期生长强度都占优势，处于第一级；而脑则相反，其在生前和生后生长比较缓慢；肠在出生前生长强度大于生后时期；睾丸则生后时期大于胚胎时期。各器官生长发育的早晚和快慢主要决定于该器官的来源及其形成的时间。在系统发育中形成较晚的器官在个体发育中出现得较早、发育较慢、结束较晚；反之，在系统发育中出现较早的器官在个体发育中出现较晚、生长发育较快、结束较早。例如，脑和神经系统等是维持生命的主要器官，在系统发育中是较早的，在胚胎期很早就形成，但发育缓慢，结束也较晚；那些与生产性能密切相关的器官，如乳房，形成较晚、发育较快、结束较早。

许多研究结果表明，各种组织的正常生长优势排列顺序为大脑→骨骼→肌肉→脂肪。若营养缺乏时，各组织所受到的影响则方向相反，经济价值较大的肌肉和脂肪损失较大。

5. 代谢水平和营养成分积储的不平衡　机体的代谢水平和营养成分的积储等方面也存在年龄变化。例如，血红蛋白含量随年龄增长而减少，绵羊初生时血红蛋白含量占血液的 18%，成年时占 8%，猪 1 周龄血清 γ 球蛋白占血清蛋白总量的 30%，1 个月龄时仅占 10% 左右。脂肪沉积量随年龄增长不断增加，脂肪沉积的类别也有年龄变化。幼畜的体脂肪多半由饲料中的油脂直接吸收转化而成，不饱和脂肪酸比例高，脂肪品质较软，一般适宜鲜吃。而成年家畜的体脂肪由饲料中的糖类转化而来，饱和脂肪酸含量较多，较易储存。

Chapter **第四章**

家禽生长发育规律

第一节　概　　论

同第三章第一节。

第二节　生长发育性状及分析

一、家禽的生理特征

家禽生理生长体系的研究能够引导广大禽业从业人员掌握基础的养殖知识，树立健康的养殖观念，科学饲养管理，规范使用药物，选择适合自己的养殖模式，生产出优质、安全的禽产品。

家禽属于鸟纲动物，在血液、循环、呼吸、消化、泌尿、神经、内分泌、淋巴和生殖等方面有着自己独特的解剖生理特点，与哺乳动物之间存在着较大的差异。了解禽生理特征对正确饲养禽、认识禽疾病、分析禽致病原因，以及提出合理的治疗方案和有效预防措施都有重要作用。

（一）血液生理

1. 血液的理化特性

（1）血色。动脉血液鲜红色；静脉血液暗红色。血液中含氧量下降时鸡冠等部位出现发绀现象。

（2）相对密度和黏滞性。相对密度在 1.045～1.060。雄性血液黏滞性大于雌性。

（3）渗透压。血浆总渗透压约相当于 159mmol/L 氯化钠溶液。但胶体渗透压比哺乳动物的低。

（4）血浆的化学成分。禽类血浆蛋白含量比哺乳动物低，并随种别、年龄、性别和生产性能不同而有一定差异（表 4-1）。血浆非蛋白氮含量平均为 14.3～21.4mmol/L。其中，尿素含量很低，仅 0.14～0.43mmol/L，几乎没有肌酸。

表 4 - 1　鸡和鸽的血浆蛋白量（g/L）

禽类	蛋白总量	白蛋白（A）	球蛋白（G）	白蛋白/球蛋白
母鸡（产蛋期）	51.8	25.0	26.9	0.93
母鸡（停产期）	53.4	20.0	33.4	0.60
公鸡	40.0	16.6	25.3	0.66
鸽	23.0	13.8	9.5	1.45

（5）血糖。禽类血糖可高达 12.8～16.7mmol/L。母鸡为 7.2～14.5mmol/L；公鸡为 9.5～11.7mmol/L；鸭和鹅在 8.34mmol/L 左右。

（6）血脂。产蛋鸡较停产母鸡、公鸡和雏鸡显著增高。

（7）无机盐。禽类血浆中的无机盐与哺乳动物比较，含有较多的钾和较少的钠，成年禽类血浆钠含量为 130～170mmol/L，钾为 3.5～7.0mmol/L。血浆的总钙含量成年公禽为 2.2～2.7mmol/L，但产蛋母禽比公禽和未成熟母禽要高 2～3 倍。成年鸡的血浆无机磷含量为 1.9～2.6mmol/L。

2. 血细胞　禽类的血细胞分为红细胞、白细胞和凝血细胞。

（1）红细胞。红细胞为有核、椭圆形的细胞。其体积比哺乳动物的大，但数目较少，细胞计数在 2.5×10^{12}～4.0×10^{12} 个/L，一般公禽（除鹅和公鸡外）的数目较多（表 4 - 2）。

表 4 - 2　禽红细胞数目和血红蛋白含量

种别	性别	红细胞（$\times 10^{12}$个/L）	血红蛋白（g/L）
鸡	公	3.8	117.6
	母	3.0	91.1
北京鸭	公	2.7	142.0
	母	2.5	127.0
鹅	母	2.7	149.0
鸽	公	4.0	159.7
	母	2.2	147.2
火鸡	公	2.2	125.0～140.0
	母	2.4	132.0
鹌鹑	母	3.8	146.0

研究证明，所有家禽血红蛋白分子中的血红蛋白结构在所有家畜和家禽中都完全相同。红细胞被破坏后血红蛋白释放出来，进一步被分解为珠蛋白、铁和胆绿素。由于禽类（鸡的研究表明）肝中葡萄糖醛基转移酶水平很低，而且

胆绿素还原酶很少，所以禽类胆汁中的胆红素很少。

禽类红细胞在循环血液中生存期较短，鸡为 28～35d，鸭为 42d，鸽为 35～45d，鹌鹑为 33～35d。禽类红细胞生存时间短与其体温和代谢率较高有关。

（2）白细胞。白细胞是无色有核的血细胞，在血液中一般呈球形，根据形态差异可分为颗粒和无颗粒两大类。

①中性粒细胞。中性白细胞由于颗粒具有多种嗜色性，故又称为异嗜性粒细胞，细胞较大，细胞质内含棒状或纺锤形的红色颗粒。胞质色淡，胞核分叶情况因成熟程度不同而不同，有的不分叶，有的分叶，染色呈淡紫色。中性粒细胞具有变形运动和吞噬活动的能力，是机体对抗入侵病菌，特别是急性化脓性细菌最重要的防卫系统。当中性粒细胞数显著减少时，机体发生感染的机会明显增高。

②嗜酸性粒细胞。嗜酸性粒细胞具有粗大的嗜酸性颗粒，颗粒内含有过氧化物酶和酸性磷酸酶。嗜酸性粒细胞具有趋化性，能吞噬抗原抗体复合物，减轻其对机体的损害，并能对抗组织胺等致炎因子的作用。

③嗜碱性粒细胞。嗜碱性粒细胞中有嗜碱性颗粒，内含组织胺、肝素与5-羟色胺等生物活性物质，在抗原-抗体反应时会被释放出来。

④淋巴细胞。淋巴细胞为具有特异性免疫功能的细胞。

⑤单核细胞。单核细胞是血液中最大的血细胞。目前认为它是巨噬细胞的前身，具有明显的变形运动，能吞噬、清除受伤、衰老的细胞及其碎片。单核细胞还参与免疫反应，在吞噬抗原后将所携带的抗原决定簇转交给淋巴细胞，诱导淋巴细胞的特异性免疫反应。单核细胞也是对抗细胞内致病细菌和寄生虫的主要细胞防卫系统，还具有识别和杀伤肿瘤细胞的能力。

禽类血液白细胞总数和分类比例见表 4-3。

表 4-3　禽类血液白细胞总数和分类比例

种别	性别	数目（×10⁹个/L）	分类比例（%）				
			中性粒细胞	嗜酸性粒细胞	嗜碱性粒细胞	淋巴细胞	单核细胞
鸡	公	16.6	25.8	1.4	2.4	64.0	6.4
	母	29.4	13.3	2.5	2.4	76.1	5.7
北京鸭	公	24.0	52.0	9.9	3.1	31.0	3.7
	母	26.0	32.0	10.2	3.3	47.0	6.9
鹅		18.2	50.0	4.0	2.2	36.2	8.0
鸽		13.0	23.0	2.2	2.6	65.6	6.6
鹌鹑	公	19.7	20.8	2.5	0.4	73.6	2.7
	母	23.1	21.8	4.3	0.2	71.6	2.7

（3）凝血细胞。禽类的凝血细胞相当于哺乳动物的血小板，参与凝血过程。凝血细胞比红细胞数量少。在每升血液中，鸡约为 26.0×10^9 个，其中滨白鸡为 31.0×10^9 个，鸭为 30.7×10^9 个。细胞呈椭圆形，细胞质中央有一个圆形的核。

禽类成熟的血细胞见图 4-1。

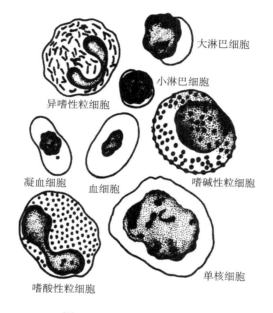

图 4-1　禽类成熟的血细胞

3. 血液凝固　禽类血液凝固较为迅速，如鸡全血凝固时间平均为 4.5min。血凝的根本变化是可溶性纤维蛋白原转变为不溶性纤维蛋白。一般认为禽血液中存在与哺乳动物相似的凝血因子，但有人认为禽类血浆中缺乏Ⅸ和Ⅻ两个因子，鸡的凝血因子Ⅴ和Ⅶ很少甚至没有。肝素对鸡血液有很好的抗凝效果。

（二）循环生理

禽类血液循环系统进化水平较高，主要表现在：动静脉完全分开，完全的双循环，心脏容量大，心跳频率快，动脉血压高和血液循环速度快。

1. 心脏生理

（1）心率。禽类的心率比哺乳动物高（表 4-4）。

（2）心电图。记录心电图，常用导联方法为标准的肢体导联，是身体两电极间的电位差。第Ⅰ导联是右翅基部和左翅基部间的导联（左正右负），第Ⅱ

导联是右翅基部与左腿的导联（左正右负），第Ⅲ导联是左翅基部和左腿的导联（翅负腿正）。

禽类心电图由于心率较快通常只表现 P、S 和 T 3 个波，而且 P 波还不明显，如果心率超过 300 次/min 以上，则 P 波和 T 波可能融合在一起。可见心房在心室完全复极化之前就开始去极化。

表 4 - 4　几种禽类的心率（次/min）

种别	年龄	性别	心率	种别	年龄	性别	心率
鸡	7 周龄	公	422	鹅	成年		200
		母	435		4 月龄	公	194
	13 周龄	公	367	鸭		母	190
		母	391		12～13 月龄	公	189
	22 周龄	公	302			母	175
		母	357	鸽	成年	公	202
		去势	350			母	208

（3）心排血量。禽类心排血量与性别有关。公鸡的心排血量大于母鸡。环境温度、运动和代谢状况对心排血量有显著影响。短期的热刺激能使心排血量增加，但血压降低。急冷也可引起心排血量增加，血压升高。鸡在热环境中生活 3～4 周后发生适应性变化，心排血量不是增加而是明显减少。鸭潜水后比潜水前心排血量明显减少。

2. 血管生理　禽类血液在动脉、毛细血管、静脉内流动的规律与哺乳动物的相同。

（1）血压。鸡的血压受季节的影响，随着季节转暖，血压有下降的趋势。这种血压的季节性变化主要是环境温度的作用，而与光照变化无关。据观察，习惯于高温的鸡的血压明显低于生活在寒冷环境下鸡的血压。

（2）血液循环时间。禽类血液循环时间比哺乳动物短。鸡血液流经体循环和肺循环一周所需时间为 2.8s，鸭为 2～3s，潜水时血流速度明显减慢，循环时间增至 9s。

（3）器官血流量。鸡的实验表明，母鸡生殖器官的血流量占心排血量的 15% 以上。

（4）组织液的生成和回流。家禽体内淋巴管丰富，在组织内分布成网，毛细淋巴管逐渐汇合成较大的淋巴管，然后汇合成一对胸导管，最后开口于左右前腔静脉。

3. 心血管活动的调节　禽类心脏受迷走和交感神经支配。与哺乳动物不同的是，禽类在安静情况下，迷走神经和交感神经对心脏的调节作用比较平衡；而在哺乳动物，迷走神经对心脏产生经常持久的抑制作用，呈明显的"迷走紧张"状态，交感神经的促进作用较弱。

禽体大部分血管接受交感神经支配，调节禽类心脏和血管的基本中枢位于延髓。

与哺乳动物相比，禽类的颈动脉窦和颈动脉体位置低得多，恰在甲状旁腺后方，颈总动脉起点处，锁骨动脉根部前方。虽然压力感受器和化学感受器参与血压调节，但敏感性较差，调节作用似乎不重要。

（三）呼吸生理

1. 呼吸系统构成 禽类呼吸系统由呼吸道和肺两部分构成。呼吸道包括鼻腔、喉、气管、鸣管、肺、气囊及某些骨骼中的气腔。

（1）鼻腔。禽类鼻腔较狭窄，鼻腔黏膜有黏液腺和丰富的血管，对吸入气体有加温和湿润作用。黏膜上有嗅神经分布，但禽类嗅觉不发达。

（2）喉。禽类喉没有会厌软骨和甲状软骨，也没有发声装置。禽类的发声器官是鸣管，位于气管分叉为两支气管的地方。

（3）气管。禽类气管在肺内不分支成气管树，而是分支成 1～4 级支气管。各级支气管间互相连通。

禽类没有膈肌，胸腔内没有经常性的负压存在，且肺的弹性较差。呼吸主要通过强大的呼气肌和吸气肌的收缩来完成。禽类气管系统分支复杂，毛细气管壁上有许多膨大部，称为肺房，是气体交换的场所。

（4）鸣管。鸣管是禽类的发音器官，由数个气管环和支气管以及一块鸣骨组成。鸣骨呈楔形，位于鸣管腔分叉处。在鸣管的内侧、外侧壁覆以两对鸣膜。当禽呼吸时，空气经过鸣膜之间的狭缝，振动鸣膜而发声。公鸭鸣管形成膨大的骨质鸣泡，故发声嘶哑。

（5）肺。约 1/3 嵌于肋间隙内。因此，扩张性不大。肺各部均与易于扩张的气囊直接通连（图 4-2）。所以，肺部一旦发生炎症，炎症易于蔓延，症状比哺乳动物严重。

禽类的呼吸频率变化比较大（表 4-5），它取决于体格大小、种类、性别、年龄、兴奋状态及其他因素。通常体格越小，呼吸频率越高。

（6）气囊。气囊是禽类特有的器官，是肺的衍生物。禽类一般有 9 个气囊，其中包括 1 个不成对的锁骨气囊、1 对颈气囊、1 对前胸气囊、1 对后胸气囊和 1 对腹囊。

禽类的气囊除了作为空气储存库外，还有下列许多重要功能：

第一，气囊内空气在吸气和呼气时均通过肺，从而增加了肺通气量，适应于禽体旺盛的新陈代谢需要。

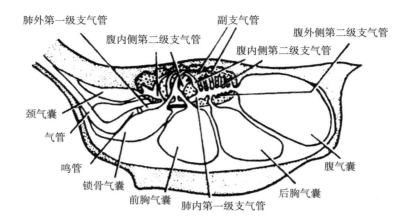

图 4-2　禽类肺和气囊的一般排列

表 4-5　几种禽类的呼吸频率（次/min）

性别	鸡	鸭	鹅	火鸡	鸽
公	12～20	42	20	28	25～30
母	20～36	110	40	49	25～30

　　第二，储存空气，便于潜水时在不呼吸情况下仍旧能利用气囊内的气体在肺内进行气体交换。

　　第三，气囊的位置都偏向身体背侧，飞行时有利于调节身体重心，对水禽来说，有利于在水上漂浮。

　　第四，依靠气囊的强烈通气作用和广大的蒸发表面，能有效地发散体热，协助调节体温。但是，由于气囊的血管分布较少，因此不进行气体交换。

　　平静呼吸时每次吸入或呼出的气量称为潮气量。鸡的潮气量为 15～30mL，鸭为 38mL。每分钟肺通气量，来航鸡为 550～650mL，芦花鸡约为 337mL。由于禽类气囊的存在，呼吸器官的容积明显增加。因此，每次呼吸的潮气量仅占全部气囊容量的 8%～15%。

　　2. 气体交换与运输　禽类支气管在肺内不形成支气管树。支气管在肺内为一级支气管，然后分支形成二级和三级支气管，三级支气管又称副支气管，各级支气管互相连通。副支气管的管壁呈辐射状地分出大漏斗状微管道，并反复分支形成毛细气管网，在这些毛细气管的管壁上有许多膨大部，即肺房，相当于家畜的肺泡。

　　3. 呼吸运动的调节　禽类呼吸中枢位于脑桥和延髓的前部。

　　禽类肺和气囊壁上存在牵张感受器，感受肺扩张的刺激，经迷走神经传入中枢，引起呼吸变慢，所以对于禽类，肺牵张反射也可以调整呼吸深度，维持适当的呼吸频率。

血液中的二氧化碳和氧含量对呼吸运动有显著影响。

（四）消化与吸收

禽类的消化器官包括喙、口、唾液腺、舌、咽、食管、嗉囊、腺胃、肌胃、小肠、大肠、盲肠、直肠和泄殖腔，以及肝和胰腺。鸡的消化道见图4-3。

禽类消化器官的特点是没有牙齿而有嗉囊和肌胃，没有结肠而有两条发达的盲肠。肝和胰腺在消化系统中所占的比例也明显高于家畜。

1. 口腔及嗉囊内的消化

（1）口腔内的消化。家禽主要采食器官是角质化的喙。鸡喙为锥形，便于啄食谷粒；鸭和鹅的喙扁而长，边缘呈锯齿状互相嵌合，便于水中采食。口腔壁和咽壁分布有丰富的唾液腺，其导管开口于口腔黏膜，主要分泌黏液。

（2）嗉囊内的消化。嗉囊是食管的扩大部分，位于颈部和胸部交界处的腹面皮下。嗉囊壁的结构与食管相似，黏

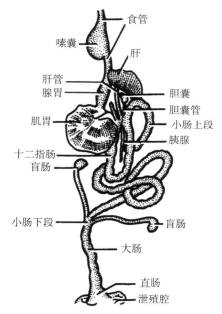

图4-3 鸡的消化道

膜也由外纵肌层和内环肌层组成，进行收缩和运动。嗉囊的主要功能是储存、润湿和软化食物。唾液淀粉酶、食物中的酶和某些细菌都可能在嗉囊内对淀粉进行消化，嗉囊内食物常呈酸性，平均pH在5.0左右。嗉囊内的环境适于微生物生长繁殖，其中乳酸菌占优势。

2. 胃内的消化

（1）腺胃内的消化。禽类的腺胃或称前胃，相当于哺乳动物胃的前半部，有两种类型的细胞，一种是分泌黏液的黏液细胞；另一种是分泌黏液、盐酸和胃蛋白酶原的细胞，这些细胞构成了复腺。禽类的胃液呈连续性分泌，鸡的分泌量大约是8.8mL/（kg·h），显著高于哺乳动物。

（2）肌胃内的消化。肌胃呈扁圆形的双凸透镜状，主要由坚厚的平滑肌构成，它是禽类体内非常发达的特殊器官。肌胃的主要功能是对饲料进行机械性磨碎，同时使饲料与腺胃分泌液混合，进行化学性消化。

肌胃内容物比较干燥，含水量平均为 44.4%，pH 为 2～3.5，适于胃蛋白酶的水解作用。肌胃主要接受迷走神经纤维的支配。刺激迷走神经，肌胃收缩增强，刺激交感神经，使运动减弱。

3. 小肠内的消化 小肠是家禽进行化学消化的主要场所，也是营养物质吸收的主要部位。家禽的小肠前接肌胃、后连盲肠。全部肠壁都有肠腺，全部肠黏膜也都有绒毛。家禽的肠道长度相对较短，鸡的体长与肠长之比大约只有 1：4.7，食物在消化道内停留的时间也比哺乳动物短，一般不超过一昼夜，但家禽肠内的消化活动进行得比家畜强烈。

（1）胰液的分泌。胰液通过 2 条（鸭、鹅）至 3 条（鸡）胰导管输入十二指肠。家禽的胰腺相对地比家畜大得多。鸡的胰液分泌是连续的。胰液分泌的调节包括神经和激素的作用。对于禽类，促胰液素是主要体液刺激因素。

（2）胆汁的分泌。禽类胆汁呈酸性（鸡 pH 5.88、鸭 pH 6.14），含有淀粉酶。胆汁中所含的胆汁酸主要是鹅胆酸、少量的胆酸和异胆酸，缺少脱氧胆酸。胆色素主要是胆绿素，胆红素很少，胆色素随粪便排出，而胆盐大部分被重吸收，再由肠肝循环促进胆汁分泌。

（3）小肠液的分泌和作用。禽类的小肠黏膜分布有肠腺，鸡缺乏十二指肠腺。肠腺分泌弱酸性至弱碱性的肠液，其中含有黏液、蛋白酶、淀粉酶、脂肪酶和双糖酶。

（4）小肠运动。禽类的小肠有蠕动和分节运动两种基本类型。逆蠕动比较明显，常使食糜往返于肠段之间，甚至可逆流入肌胃。小肠运动受神经、体液、机械刺激和胃运动的影响。

4. 大肠内的消化 禽类的大肠包括两条盲肠和一条直肠。食糜经小肠消化后，一部分可进入盲肠，其他进入直肠，开始大肠消化。

大肠的消化主要是在盲肠内进行的。在盲肠内的细菌还能分解饲料中的蛋白质和氨基酸产生氨，并能利用非蛋白氮合成菌体蛋白质，还能合成 B 族维生素和维生素 K 等。

盲肠内容物是均质和腐败状的，一般呈黑褐色，这是和直肠粪便的不同点。

家禽的直肠较短，直肠的主要功能是吸收食糜中的水分和盐类，最后形成粪便进入泄殖腔，与尿混合后排出体外。

5. 吸收 通过小肠绒毛进行。禽类的小肠黏膜形成"乙"字形横皱襞，因而扩大了食糜与肠壁的接触面积，延长了食糜通过的时间，使营养物质被充分吸收。

（1）糖类主要在小肠上段被吸收，特别是当食物中的糖类是六碳糖时更是如此。

（2）蛋白质的分解产物大部分以小分子肽的形式进入小肠上皮刷状缘，然后再分解成氨基酸而被吸收。

（3）脂肪一般需要分解为脂肪酸、甘油或甘油一酯、甘油二酯后被吸收。脂类的消化终产物大部分在回肠上段吸收。胆酸的重吸收主要发生在回肠后段。

（4）禽类主要在小肠和大肠吸收水分、盐类，嗉囊、腺胃、肌胃和泄殖腔也有少许吸收作用。钙的吸收受 1，25 -二羟维生素 D_3、钙结合蛋白的影响。用维生素 D 处理维生素 D 缺乏的鸡可增加磷的吸收。产蛋鸡对铁的吸收高于非产蛋鸡和成年鸡。

（五）能量代谢和体温调节

1. 能量代谢及其影响因素

（1）能量代谢。禽类的能量代谢基本与哺乳动物相同，能量来源于饲料中的化学潜能。表 4 - 6 为几种禽类的基础代谢率。

表 4 - 6 几种禽类的基础代谢率

种别	体重（kg）	代谢率[kJ/(kg·h)]	种别	体重（kg）	代谢率[kJ/(kg·h)]
鸡	2.0	20.9	火鸡	3.7	209.0
鹅	5.0	23.4	鸽	0.3	502.4

（2）影响能量代谢的因素。

①品种类型。肉用仔鸡与同体重的蛋用仔鸡相比对日粮的能量需要量更多一些。

②饲养方式。放养鸡比舍饲鸡需要的能量多；笼养鸡比平养鸡所需能量要少。

③性别。对于成年鸡，公鸡每千克代谢体重的维持能量比母鸡高 30％。

④体重。体重大的鸡需要的能量多，而体重小的鸡相对较少。如体重 1.5kg 的母鸡每天需要代谢能 740.56kJ，而体重 2.5kg 的母鸡则需要 1 083.67kJ。

⑤生产性能。产蛋率高和蛋重大的鸡需要的能量多。体重都为 2.0kg 的母鸡，日产蛋率为 60％时，每天需要代谢能 1 221.67kJ，而日产蛋率为 90％时，每天需要代谢能 1 380.72kJ。

⑥环境温度。环境温度低时，鸡为了维持体温恒定，提高机体代谢，要从饲料中获得更多的能量。高温时，鸡减少对饲料的摄入以维持体温正常。生产中，鸡的环境温度处于等热区范围内，饲料转化率最高。一般来讲，产蛋鸡的

适宜环境温度为 18~24℃，外界环境温度每改变 1℃，蛋鸡维持代谢所需的能量要改变 8kJ。低温环境下鸡的能量消耗比适宜环境温度增加 20%~30%。

2. 体温调节

（1）禽类的体温。家禽是恒温动物，可将温度计插入直肠内测定家禽体温（表 4-7）。

表 4-7　几种成年禽类直肠温度

种别	正常范围（℃）	种别	正常范围（℃）
鸡	40.5~42.0	火鸡	41.0
鸭	41.0~43.0	鸽	41.3~42.2
鹅	40.0~41.0		

鸡的等热区为 16~28℃；火鸡为 20~28℃；鹅为 18~25℃。

（2）家禽的体温调节。家禽的体温调节中枢位于下丘脑前区-视前区。中枢接收来自温度感受器的信息。禽类的喙部和腰部有感受器。脊髓和脑干中有对温度敏感的神经元，它们是中枢温度感受器。体温调节中枢的神经递质可能主要是 5-羟色胺和去甲肾上腺素。

（3）家禽对环境温度变化的反应。

①温度耐受性。家禽能耐受高温环境。气温为 27℃时，呼吸频率增加；气温高于 29.5℃时，蛋鸡产蛋性能明显受到影响；气温升到 38℃时，鸡常常不能耐受。

②适应和风土驯化。禽类在寒冷环境或炎热条件下可表现风土驯化，以适应环境。

（六）泌尿系统（器官）

禽类的泌尿器官由 1 对肾和 2 条输尿管组成，没有肾盂和膀胱。因此，尿在肾内生成后经输尿管直接排入泄殖腔，在泄殖腔与粪便一起排出体外。公鸡的泌尿生殖系统见图 4-4。

1. 尿生成的特点　禽类肾小球

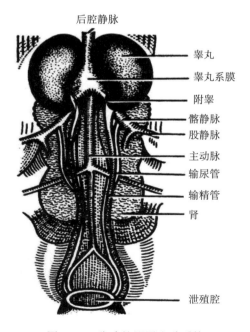

后腔静脉

睾丸
睾丸系膜
附睾
髂静脉
股静脉
主动脉
输尿管
输精管
肾
泄殖腔

图 4-4　公鸡的泌尿生殖系统

有效滤过压比哺乳动物低，为 $1\sim2kPa$（$7.5\sim15mmHg$）。因此，滤过作用不如哺乳动物重要。

禽类肾小管的分泌与排泄作用在尿生成过程中较为重要。禽类蛋白质代谢的主要终产物是尿酸，而不是尿素。尿酸氮可占尿中总氮量的 $60\%\sim80\%$，这些尿酸 90% 左右是由肾小管分泌和排泄的。

2. 尿的理化特性、组成和尿量　禽尿一般是淡黄色、浓稠状半流体，pH为 $5.4\sim8.0$。尿生成后进入泄殖腔，在泄殖腔内可进行水的重吸收，所以渗透压较高。禽尿与哺乳动物尿在组成上的主要区别是禽尿内尿酸含量多于尿素，肌酸含量多于肌酸酐。禽类尿量少，成年鸡的昼夜排尿量为 $60\sim180mL$。

3. 鼻腺的排盐机能　鸡、鸽及一些其他禽类主要通过肾对盐进行排泄。但鸭、鹅和一些海鸟有一种特殊的鼻腺，又称盐腺，能分泌大量氯化钠，可补充肾的排盐机能，从而维持体内盐和渗透压的平衡。这些禽类鼻腺并非都位于鼻内，多数海鸟都位于头顶或眼眶上方，故又名眶上腺。

（七）神经系统

神经系统分脑神经、脊神经和植物性神经。禽类粗大的神经相对较少，因此神经传导速度较慢。成年鸡神经传导速度为 $50m/s$（哺乳动物神经传导速度最快 $120m/s$）。

脊神经支配皮肤感觉和肌肉运动，都具有较明显的节段性排列特点。

禽类的羽毛具有较复杂的平滑肌系统，其中有的使羽毛平伏，有的使羽毛竖起，二者又都可使羽毛旋转。

1. 脊髓　禽类脊髓的上行传导路径不发达，少数脊髓束纤维可达延髓，所以外周感觉较差。

2. 延髓　禽类延髓发育良好，是维持及调节呼吸运动、血管运动、心脏活动等生命活动的中枢。

3. 小脑　禽类的小脑相当发达，两侧为 1 对小脑绒球。小脑以前脚和后脚与中脑和延髓相联系。全部摘除小脑后，颈、腿肌肉发生痉挛，尾部紧张性增加，不能行走和飞翔。摘除一侧小脑则同侧腿部僵直。

4. 中脑　中脑是视觉及听觉的反射中枢。禽类视觉较其他动物发达，破坏视叶则失明，视叶表面有运动中枢，与哺乳动物前脑的运动中枢相同，刺激视叶引起同侧运动。

5. 间脑　间脑也包括丘脑、上丘脑和下丘脑。对于禽类，丘脑以下部位与身体各部躯体神经相连，破坏丘脑引起屈肌紧张性增高。丘脑下部与垂体紧密联系。丘脑下部的视上核和室旁核所产生的催产素沿神经细胞轴突运送到神经垂体储存，丘脑还控制着腺垂体的活动。丘脑下部存在体温中枢和营养中枢

（包括饱中枢和摄食中枢）。

6. 前脑 禽类纹状体非常发达，而皮质相对较薄。切除前脑后，家禽仍可出现站立、抓握等非条件反射，但不能主动采食谷粒，对外界环境的变化无反应，出现长期站立不动等现象，可见禽类的高级行为是由皮质主宰的。

（八）内分泌

禽类内分泌腺包括垂体、甲状腺、甲状旁腺、腮后腺、肾上腺、胰腺、性腺、松果体，这些内分泌腺有的机能尚不完全清楚。鸡甲状腺、甲状旁腺与胸腺的位置见图4-5。

1. 垂体 垂体是一个重要的内分泌腺，它所分泌的激素对正常代谢与协同其他内分泌腺对机体活动进行调节是必需的。

（1）腺垂体。腺垂体的细胞根据所含的颗粒不同，可分为糖蛋白颗粒和单纯蛋白颗粒两种类型。腺垂体分泌的激素可分为两种类型，糖蛋白激素和蛋白质激素或多肽类激素。黄体生成素、促卵泡激素和促甲状腺素是糖蛋白激素。而生长素、催乳素和促肾上腺皮质激素属于蛋白质激素。

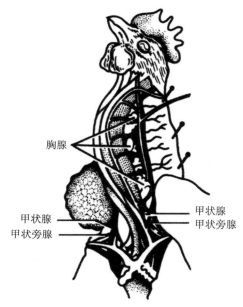

图4-5 鸡甲状腺、甲状旁腺与胸腺的位置

（2）神经垂体。禽类的神经垂体主要释放8-精催产素和释放少量的8-异亮催产素。8-精催产素为禽类所特有，并具有催产和加压作用，这包括对输卵管刺激、水潴留和血管收缩等方面。增加血浆渗透压或钠离子浓度可刺激鸡的8-精催产素的分泌。母鸡产蛋前血中8-精催产素升高，神经垂体内含量减少，证明这一激素与产蛋有关。8-精催产素主要由在下丘脑的视上核前部的神经细胞生成，8-异亮催产素则在视上核侧区特别是室旁核部位生成。

2. 甲状腺 禽类的甲状腺为成对器官，椭圆形，呈暗红色，外表有光泽，位于颈部外侧、胸腔外面的气管两旁。

甲状腺激素的分泌率受环境的影响很大。如光照周期及昼夜变化影响甲状腺激素的分泌。黑暗期，甲状腺激素的分泌和碘的摄取量增加，黎明前达最大值。光照期，在外周组织中甲状腺素和三碘甲腺原氨酸脱碘，因此甲状腺素浓度降低，甲状腺素向三碘甲腺原氨酸转化。

在寒冷情况下，甲状腺素与三碘甲腺原氨酸的代谢迅速增加。甲状腺素向三碘甲腺原氨酸转化加强，耗氧量增加，产热量增加，以适应冷环境。当鹌鹑暴露在高温情况下，甲状腺的血流减少、血中甲状腺素浓度降低，三碘甲腺原氨酸浓度在较小范围内波动。血中甲状腺素和三碘甲腺原氨酸的浓度也随季节变化而发生变化。

3. 甲状旁腺　甲状旁腺素的主要机能是维持钙在体内的平衡，它对于蛋壳形成、肌肉收缩、血液凝固、酶系统、组织的钙化和神经肌肉兴奋性的维持是必需的。细胞外液的钙离子浓度是甲状旁腺素分泌的主要刺激物。

4. 腮后腺　禽类的腮后腺是成对的内分泌器官，呈椭圆形、两面稍凸而不规则的粉红色腺体，位于颈部两侧、甲状旁腺之后。

腮后腺的内分泌细胞称 C 细胞，通常呈索状或线状排列。

5. 肾上腺　禽类的肾上腺位于肾头叶的前中部，紧接肺的后方。肾上腺皮质和髓质具有不同的生理机能。

（1）肾上腺皮质。分为糖皮质激素和盐皮质激素，其生理作用与哺乳动物相似。

（2）肾上腺髓质。分泌肾上腺素和去甲肾上腺素。成年禽类的髓质主要分泌去甲肾上腺素。

6. 胰腺　胰腺悬于 U 形十二指肠袢中，有分泌胰岛素和胰高血糖素的作用。它也能分泌肽类激素入血。胰岛素的生理作用是降低血糖。胰高血糖素的生理作用是升高血糖浓度。两者协调作用，调节家禽体内糖的代谢，维持血糖水平。

7. 性腺

（1）母禽。母禽卵巢间质细胞和卵泡外腺细胞能分泌雌激素和孕激素。雌激素可促进输卵管发育，促进第二性征出现；孕激素能促进母禽排卵。

雌激素的生理作用：促使输卵管发育，耻骨松弛和肛门增大，以利于产卵。促使蛋白分泌腺增生，并在雄激素及孕酮的协同下使其分泌蛋白。在甲状旁腺素的协同作用下，控制子宫对钙盐动用和蛋壳的形成。使羽毛的形状和色泽变成雌性类型。使血中的脂肪、钙和磷的水平升高，为蛋的形成提供原料。

（2）公禽。公禽睾丸的间质细胞分泌雄激素。雄激素能促进公禽生殖器官生长发育，促进精子发育和成熟，促进公禽第二性征出现和性活动。

睾酮的生理作用：维持公禽的正常性活动。控制公禽的第二性征发育，如肉冠和肉髯的发育、啼鸣等。影响公禽的特有行为，如交配、展翼、竖尾，以及在群体中的啄斗等。促进新陈代谢和蛋白质合成。公鸡去势后，新陈代谢降低 10%～15%，血液中红细胞数和血红蛋白的含量下降、脂肪沉积增多，肉质改善。

8. 松果体 禽类松果体主要具有分泌功能，分泌褪黑激素。褪黑激素的含量在黑暗期最高，而在光照期最低，呈现生理昼夜节律性变化。研究证明，禽类褪黑激素可影响睡眠、行为和脑电活动，以及促使吡哆醛激酶形成更多的吡哆醛磷酸化物。

（九）生殖系统（器官）

禽类生殖的最大特点是卵生。禽类属于雌性异型配子（染色体 ZW）和雄性同型配子（染色体 ZZ）的动物，雌性的性别取决于染色体 W。卵中含有大量卵黄和蛋白质，可满足胚胎发育的全部需要。

1. 母禽的生殖

（1）母禽的生殖道。成年母禽的生殖器官中左侧卵巢和左侧输卵管较发达。禽类左侧卵巢位于身体左侧、肾的头端，以卵巢系膜韧带附着于体壁。在未成熟的卵巢内集聚着大小不等的卵细胞。单个卵泡在排卵前直径为 40mm 左右，在卵泡上有丰富的血管和神经分布。其神经纤维主要是肾上腺素能纤维和胆碱能纤维。

禽类的输卵管由 5 个部分组成，分别为漏斗部、膨大部（蛋白分泌部）、峡部、壳腺部（子宫）和阴道。产蛋母鸡的输卵管见图 4-6。

（2）卵的发生和排卵。

①卵的生长和卵黄沉积。卵泡膜上有特别发达的血管系统，这是保证卵泡生长和成熟的基础。

②排卵。排卵后，卵泡萎缩并逐渐退化，1 周后只留下勉强可见的痕迹。禽类破裂的卵泡不形成黄体。破裂的卵泡在短期内有调节产蛋的作用。

（3）蛋的形成。

①输卵管的功能。摄取排出的卵子，运送和储存精子，是精卵结合的部位，并为胚胎的早期发育提供适宜条件。输卵管能分泌多种营养物质并形成壳膜和蛋壳保护层。

②蛋的形成过程。原始卵子直径不到 1mm，经过 1～2 周的发育，

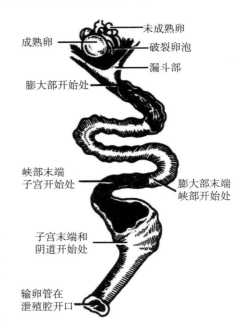

图 4-6 产蛋母鸡的输卵管

成熟卵
未成熟卵
破裂卵泡
漏斗部
膨大部开始处
峡部末端子宫开始处
膨大部末端峡部开始处
子宫末端和阴道开始处
输卵管在泄殖腔开口

直径达到 25mm 左右，成为一枚成熟卵子。卵巢最终排出的卵子不再发育，接下来它将在输卵管内经过 24h 的旅程（表 4-8），最终成为鸡蛋的蛋黄。

表 4-8　母鸡输卵管各部的长度、功能和卵母细胞通过的时间

部位	平均长度（cm）	功能			
		功能种类	分泌量（g）	固形成分（%）	卵细胞通过的时间（h）
漏斗部	11.0	形成卵系带	32.9	12.2	1/4
膨大部	33.6	分泌卵清蛋白	0.3	80.0	3
峡部	10.6	分泌壳膜	6.1	98.4	11/4
壳腺部	10.1	形成石灰质卵壳	0.1		18~22
阴道部	6.9	分泌黏蛋白			1/60

a. 漏斗部。卵子从卵泡排出以后，就进入漏斗部。漏斗部负责接住卵子，如果是种鸡，受精在此完成，蛋清内膜和卵带在此形成。

b. 膨大部。膨大部是输卵管最大最长的一段，也是蛋清形成的地方。蛋清主要分为 4 部分：卵清蛋白、卵铁传递蛋白、卵类黏蛋白和卵球蛋白。蛋清约占鸡蛋的六成重量，包含 40 多种不同蛋白质。

c. 峡部。峡部是蛋壳膜形成的场所，蛋壳膜分为蛋壳内膜和蛋壳外膜。

d. 壳腺部。壳腺部是蛋壳形成的场所。当鸡蛋从峡部到子宫时，蛋壳膜松弛且发皱，进入壳腺部后，由于鼓起作用壳膜变紧。大量的血液流动能够促进钙的转移，血液中钙离子和碳酸根离子转移到子宫液中进而沉积到蛋壳外膜上，最终形成外壳。

（4）蛋的产出。蛋在停留于壳腺部的绝大部分时间内始终是尖端指向尾部的位置，在蛋将产出过程中，它通常旋转 180°，以钝端朝向尾部的方向通过阴道产出。驱使蛋产出的主要动力是壳腺部平滑肌的强烈收缩。

（5）母禽的生殖周期。母禽生殖周期分段明显，包括产蛋期、赖抱期和恢复期三期，采食、代谢及神经内分泌均发生相应变化。

母鸡的产蛋常有一定的节律性：一般是连续几天产蛋后，停止 1 天或几天再恢复连续产蛋。产蛋的这种节律性称连产周期。

提高连产周期的产蛋量方法：一种方法是缩短产蛋与排卵之间的时间间隔，另一种方法是缩短卵在壳腺部的时间。

①排卵周期的调节。黄体生成素被认为是诱导排卵的主要激素。血液中黄体生成素、孕酮和雌二醇在排卵前 4~7h 出现峰值。光照变化是影响禽类排卵的重要因素，在自然条件下，禽类有明显的生殖季节。

禽类的雌二醇、孕酮和睾酮对黄体生成素释放的影响的特点：

a. 在哺乳动物中，排卵前的雌激素峰是激发黄体生成素释放的必要因素。但对于禽类，雌激素没有这种正反馈作用。

b. 鸡在排卵前 4～7h 出现的孕酮峰对诱导黄体生成素释放是必不可少的。同样，黄体生成素也能诱导鸡卵泡的颗粒细胞合成和分泌孕酮，但在大多数哺乳类中，孕酮常抑制黄体生成素释放。

c. 睾酮对下丘脑-垂体系统有正反馈作用，促进黄体生成素释放。

d. 高浓度的孕酮和睾酮都抑制黄体生成素释放，并引起卵泡萎缩、抑制鸡和鹌鹑排卵。

②抱窝（就巢性）。抱窝也称赖抱性，赖抱期下丘脑-垂体-性腺轴活性下降，高浓度的催乳素具有抑制生长抑素分泌以及抑制性腺功能的作用。

2. 公禽的生殖　公禽生殖系统包括睾丸、附睾、输精管和发育不全的阴茎。公禽没有精囊腺、前列腺和尿道球腺等副性腺。

鸡的睾丸位于腹腔内，没有膈膜和小叶，而由精细管、精管网和输出管组成。其重量在性成熟时约占总体重的 1%，单个睾丸重 9～13g。

刚孵出的雄性雏鸡精细管中就已经有精原细胞。到 5 周龄时，精细管中出现精母细胞。到 10 周龄时，初级精母细胞经减数分裂形成次级精母细胞。在 12 周龄时，次级精母细胞发生第 2 次成熟分裂，形成精子细胞。一般在 20 周龄左右时，精细管内可看到精子。

二、生长发育曲线

生长发育曲线是反映动植物个体在生长发育过程中某部分或整体随时间变化的规律性曲线，一般为 S 形曲线。在肉用家禽的育种和生产中，需要研究生长发育的规律。利用曲线拟合技术，建立理想环境中的生长发育（曲线）模型，有利于判断与分析饲养和管理的合理与否，比较不同品种、不同亲缘关系遗传品质等。

建立生长发育模型分模型的选取、参数的估计与模型的确定 3 个步骤，主要选用 S 形曲线函数。用观测数据对每个模型的参数进行估计，不同模型与标准曲线的符合程度不同。通过比较模型估计值与观测值间的误差大小，最后把估计误差最小的模型确定为该家禽的生长曲线模型。参数估计是生长曲线模型建立过程的最重要的步骤。参数的估计方法很多，而人们对参数估计方法选择的习惯是：能直接化的模型都采用"曲线改直"法，不能直线化的模型采用 Marquardt 法或单纯形法。因为不同拟合方法具有不同的拟合精度，这便使不同模型的确定失去了可比条件。因此，不同模型的参数估计必须采用能获得最佳参数估计的方法。常用的适于生长曲线的近似拟合方法有指数曲线、

Logistic 生长曲线、Gompertz 生长曲线，3 条曲线的拟合度由高至低排列为
Logistic 曲线、Gompertz 曲线和指数曲线，前两种方法的拟合度相近（图 4 - 7）。

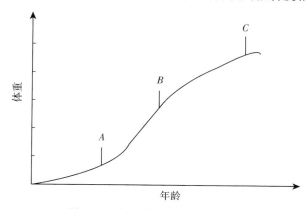

图 4 - 7　年龄-体重变化 S 形曲线

注：A 点为出生时年龄；B 点为生长转缓点；C 点为成年时年龄；A—B 阶段
为生长递增期；B—C 阶段为生长递减期。一般成年后停止增长。

　　目前在禽类上常用 Logistic、Bertanlanffy 和 Gompertz 方程来拟合，通过
对禽类生长曲线的分析研究，不仅可以动态地了解禽类的生长过程、预测禽类
的生长规律，而且还可以指导饲养管理，提高选育效果。

　　生长曲线的分析和拟合是研究家禽生长发育规律的主要方法之一。近几十
年，已建立了多种对家禽累积生长曲线进行描述的非线性数学模型。Brody
（1954）提出了生长曲线的二阶段性，即生长前期自加速阶段和生长后期自抑
制阶段，并分别用不同的数学模型加以描述。以后又建立了 Logistic 模型、
Gompertz 模型和 Richards 模型。Richards 模型一般使用较少。

　　Gompertz、Logistic 和 Bertalanffy 是目前常用的 3 种模型，其实质为
Richards 曲线 $[Y_t = A (1 - Be^{-kt})^{1/(1-C)}]$。式中，$Y_t$ 是体重；t 是时间；A 是
累计生长的饱和值；B 是生长初始值参数；e 是自然常数；k 是生长速率参数；
C 是异速增长参数 J 的 3 种特殊形式。当 $C=2$ 时即为 Logistic 曲线；当 $C=2/$
3 时即为 Bertanlanffy 曲线；当 $C=1$ 时即为 Gompertz 曲线。三者尽管到达拐
点的体重是恒定的，但是到达拐点的时间不一样，Logistic 模型到达拐点的时
间为 $A/2$，即为体重的一半；Bertanlanffy 模型到达拐点的时间为 $8A/27$，约
为成熟体重的 29.6%；Gompertz 模型到达拐点的体重为 A/e，约为成熟体重
的 36.8%。Gompertz 模型适合描述早期生长迅速的生长过程，是当前使用较
多的用于描述动物生长发育规律的生长曲线模型，目前的研究表明 Gompertz
拟合度较其他两种高。在 Logistic 模型中拐点为最大体重值的一半，如果是肉
用型家禽，由于这类家禽的选育专门围绕提高早期生长速度、上市日龄提前等

指标进行，因此这类家禽用 Logistic 模型来拟合时效果最佳。Bertanlanffy 模型适用于体重增长相对较迟缓的动物。

国内对我国地方品种家禽生长曲线拟合的研究已经有不少报道，朱明志等对我国藏鸡生长曲线进行了研究，史兆国等对甘肃黄鸡早期生长发育规律做了分析，葛剑等分析并拟合了河北黄鸡生长曲线，杜德英等对文昌鸡生长曲线进行了拟合研究。大多得出了这样的结论：3 种模型均能很好地模拟禽类的生长曲线。在杨海明等的研究中他们利用这 3 种模型对丝毛乌骨鸡生长曲线进行拟合，结果显示，Logistic 模型的拟合度为 0.997 7；Bertanlanffy 模型的拟合度为 0.998 1；Gompertz 模型的拟合度为 0.998 5。Marks 对鹌鹑生长曲线做了研究，并比较了经过选择后曲线的变化情况；Grossman 等对肉鸡拟合曲线的参数进行了遗传分析；Arai 则对鸭的生长曲线进行了研究。杨宁等对不同品系鹌鹑的生长曲线进行了拟合和比较分析；杨运清等还对非线模型拟合过程中参数估计的简便近似方法进行了探索；汤清萍等用 3 种模型对我国地方鹅进行曲线拟合和比较分析，结果认为，3 种曲线都能较好地模拟各种鹅的生长曲线，但 Bertanlanffy 模型效果最佳。

三、体组织生长发育规律

细胞经过分化形成了许多形态、结构和功能不同的细胞群。形态相似、结构和功能相同的细胞群称作组织。它们以不同的比例互相联系、相互依存，形成动物的各种器官和系统，以完成各种生理活动。动物组织是在胚胎期由原始的内、中、外 3 个胚胎层分化而来的，可根据其起源、形态结构和功能上的共同特性，分为上皮组织、结缔组织、肌组织和神经组织四大类。禽类的组织器官发育的顺序为：消化系统、骨骼系统、肌肉系统、神经系统、泌尿生殖系统。

禽类以鸡为例，生长发育主要划分为受精卵（鸡蛋）和后备鸡 2 个阶段。1 日龄雏鸡至开产鸡（通常指 0～20 周龄）称为后备鸡，此期也称为生长阶段。开产后的成年鸡机体组织器官发育基本成熟，近于生长 S 形曲线的 C 点，生长发育趋于平缓。

（一）胚胎发育阶段

1. 鸡胚胎发育阶段的划分 整个发育可分为 2 个阶段：胚胎在卵形成过程中的发育与胚胎在孵化过程中的发育。

（1）胚胎在卵形成过程中的发育。即母体内的发育，也即是成蛋阶段的发育。这个阶段的发育过程是：受精卵＋卵裂＋囊胚期＋原肠期。当胚胎发育到原肠期时，已分化形成内胚层和外胚层。从外观上看形如一个圆盘状体即为胚盘，当卵排出体外，因温度下降，胚胎生长发育随即停止。

（2）胚胎在孵化过程中的发育。卵排出体外后，保存在18℃以下的环境中，胚胎发育基本处于静止状态。当入孵后，胚胎即开始发育。胚胎在孵化过程中发育的时期称孵化期。鸡的孵化期为21d。

种蛋入孵后，胚在原肠期形成的同时，内胚层像个碟状圆盘，在其末端，细胞不断地向中线集中，形成一条细胞带，称原条。原条细胞通过原沟的底部逐渐转入外胚层与内胚层之间，并分别向两侧扩展，这些分散至内外胚层之间的细胞称为中胚层。原条细胞也逐渐转入外胚层与中胚层之间，并分别向前伸展，伸展的结构称为头突，后发育成脊索。脊索是胚胎期的纵轴支持器官，最终为脊柱所代替，随着胚胎的不断发育，由外、中、内3个胚层逐渐形成各种腺体、器官、骨骼、肌肉、皮肤、羽毛和喙，最后形成新的机体——雏鸡。

2. 胚胎的形成及其物质代谢　胚胎的发育包括2个部分：胚内部分即胚胎自身的发育；胚外部分即胚膜的形成。胚胎的物质代谢所需的营养和呼吸主要靠胚膜来实现。胚膜包括4个部分：羊膜、绒毛膜、卵黄囊、尿囊。

（1）羊膜与绒毛膜。羊膜在孵化后33h左右开始出现，第2天即覆盖于胚胎的头部并逐渐包围胚胎，至第4天合拢将胚胎整个包围起来形成两层膜，靠近胚胎内层称羊膜，包围整个蛋内容物的称为绒毛膜。绒毛膜与尿囊共同形成尿囊绒毛膜。羊膜腔中充满羊水而起保持鸡胚不受机械损伤、防止胎膜粘连及促进鸡胚运动的作用。

（2）卵黄囊。卵黄囊是早期形成的胚膜，于孵化的第2天开始形成，以后逐渐向卵黄表面扩展，第4天包围卵黄1/3，第6天包围卵黄1/2，到第9天几乎覆盖整个卵黄的表面。在卵黄囊上有许多血管，形成循环系统，通入胚体，供胚胎从卵黄中吸取水分与营养。卵黄囊在孵化初期具有与外界交换气体的功能，出壳前与卵黄一起被吸入腹腔中。

（3）尿囊。尿囊位于羊膜与卵黄囊之间，在孵化第2天开始形成，以后逐渐增大，第6天达到蛋壳膜的内表面，孵化到10～11d时包围整个蛋内容物并在蛋的小端合拢。在尿囊接触蛋的内壁继续发育的同时，与绒毛膜结合成尿囊绒毛膜，贴于蛋壳，开始起气体交换作用。同时通过尿囊血管吸收蛋壳的矿物质供给胚胎，而胚胎所有的排泄物则积存在尿囊，尿囊内充满尿囊液使胚胎与蛋壳分开，使其处于湿润的环境中，以保护胚胎。

在孵化过程中，胚胎物质代谢主要取决于胎膜的发育。孵化2d后，卵黄囊血液循环开始形成，这时胚胎主要吸收卵黄囊的营养物质和氧气；孵化5～6d后，尿囊血液循环形成，这时胚胎既靠卵黄囊血液循环吸收卵黄的营养物质，又靠尿囊血液循环吸收蛋壳中营养物质，因尿囊已接近蛋壳膜，又可通过尿囊循环吸收外界氧气；孵化10～11d以后尿囊合拢，胚胎的物质代谢及气体代谢均大为增强，蛋温升高；孵化到 18～19d 后蛋白已经耗尽，尿囊枯萎，开始肺呼吸，靠卵黄囊吸收卵黄中的营养物质，脂肪代谢加强，呼吸量增大。

实践中应特别注意孵化前期与孵化后期气体代谢的差异，一般鸡胚氧气耗量末期为初期的 64 倍，呼出的二氧化碳为初期的 146 倍，产热量为初期的 230 倍。为此，要合理安排胚胎发育各个时期所需要的外界条件。

3. 胚胎发育的主要特征 鸡胚发育分为体内与体外发育 2 个阶段。受精蛋从母鸡体内产出后，胚胎与母体完全脱离，母体不再为胚胎提供任何营养物质。鸡胚的发育速度快，从孵化到出雏仅需 21d。

（二）后备鸡生长发育阶段

雏鸡出生 24h 后，羽毛、骨骼、肌肉、神经快速发育，10d 后绝大部分组织由分化的组织变成生长组织。

1. 上皮组织的生长发育规律 上皮组织是由许多紧密排列的上皮细胞和少量的细胞间质所组成的膜状结构，通常被覆于身体表面和体内各种管、腔、囊的内表面以及某些器官的表面。上皮组织具有保护、分泌、排泄和吸收等功能。上皮组织根据其形态和机能可以分为被覆上皮、腺上皮和感觉上皮 3 种类型。上皮组织由密集的细胞和少量的细胞间质组成，呈膜片状，具有保护、分泌、排泄和吸收等功能。它由内、中、外 3 个胚层分化而来。

羽毛是禽类表皮细胞衍生的角质化产物，起源于外胚层表皮细胞的皮肤附属物，是特有的表皮结构，被覆在体表，质轻而韧，略有弹性，具防水性，有护体、保温、飞翔等功能。根据羽毛的形状和所处部位不同，羽毛的类型可分为正羽、绒羽和纤羽 3 种。两侧对称的正羽覆盖禽体绝大部分，一般由羽轴和羽片构成，羽轴埋入皮肤部分称为羽根，羽片是羽小枝之间通过羽纤枝相互作用勾连而成的。绒羽是径向对称的，有羽轴，但羽枝发出的小羽枝间没有羽纤枝相互勾连，故不形成羽片，其保温作用较好。纤羽又称毛羽，散在正羽与绒羽之间，除去正羽与绒羽后即可观察到，羽干细长，顶端有少许羽枝及羽小枝。

毛囊为羽毛生长和再生的控制中心，是在真皮和表皮相互作用下形成的，具有较为复杂的结构。毛囊是包围在毛发根部的囊状组织，位于羽毛基底部；插入皮肤真皮的部分称为毛根；毛球位于毛根下部，为羽毛的最下端部分，毛球围绕着毛乳头并与之紧密相接，外形膨大呈球状，从毛乳头中获得营养物质，使毛球内的细胞不断增殖，从而促使羽毛生长。真皮乳头是由长芽基部的间充质细胞压缩而成的紧密结构，通过调节毛囊中各种细胞的活性影响毛发形态发生和再生。

家禽羽毛发育起始于毛囊。在胚胎发育的第 8 天，间充质细胞增殖，在羽区下方形成致密真皮；而真皮层表面积聚间充质，形成突起，即真皮乳头。乳头表皮相应增厚，两者共同形成羽乳突，羽乳突向斜后方生长，基部向皮肤内下陷，形成羽囊。在胚胎期第9~10天，羽区表皮不断隆起，形成羽芽。随着胚胎期的进行，羽区表皮内陷形成毛囊壁，分枝发生区上皮细胞分化形成羽轴和羽枝脊。胚胎后期毛囊远端羽枝脊上皮细胞迅速增殖和分化形成缘板、羽小枝板和羽轴板，并进一步发育成羽枝、羽小枝和羽轴。

毛囊是一种周期性再生的结构，包括发生期、生长期和静止期3个阶段。羽毛在发生期阶段毛囊孔径较小；在生长期显著扩张，毛囊长度增加，真皮层向下生长，毛基板细胞不断分化发育成羽毛；静止期毛基板分化停止，毛囊退化，随之羽毛伸长停止。毛囊基底层可通过再生循环，进入下一个生长周期。

毛囊形成于胚胎期，控制着羽毛的生长、更替及其形态结构。胚胎期毛囊的发生涉及一系列复杂的表皮与真皮间的相互作用，诸多因子参与该过程。其中，对毛囊形成起促进作用的是成纤维细胞生长因子（fibroblast growth factor，FGF）家族、Wnt/p-连环蛋白（Wnt/p-catenin）和SHH（sonic hedge hog）信号通路等；而另一些信号分子则会抑制羽毛的生长和更替，如骨形态发生蛋白（bone morphogenetic protein，BMP）家族等。不同的信号通过促进和抑制毛囊发育因子的平衡来调控毛囊活动的启动或休止，进而实现羽毛的生长或更替。在这些调控毛囊生长发育的基因或信号通路中，Wnt/p-catenin信号通路扮演着极其重要的角色。

正常生理条件下，禽羽毛存在不同程度的损失。产蛋鸡失羽比较显著，40周龄产蛋鸡，正常羽毛损失10%~15%，55周龄损失20.25%。蛋白质是羽毛生长的基础，氨基酸更重要，尤其含硫氨基酸，羽毛生长需要明显比体生长需要高。锌对羽毛生长特别重要，饲粮锌补充量少于50mg/kg将影响羽毛生长发育。

2. 结缔组织的生长发育规律　结缔组织由细胞和大量的细胞间质构成。细胞间质包括基质和纤维。基质呈匀质状，有液体、胶体或固体。纤维为细丝状，包埋于基质中。由中胚层产生的结缔组织是动物组织中分布最广、种类最多的一类组织，包括疏松结缔组织、致密结缔组织、网状结缔组织、软骨组织、骨组织、脂肪组织、淋巴、血液等。具有支持、连接、保护、防御、修复和运输等功能。结缔组织含有多种类型的细胞，分散在大量细胞间质中。结缔组织具有连接、支持和防御等功能。它由中胚层分化形成。

（1）骨骼组织的生长发育。鸡骨骼生长至18~20周龄基本结束。骨骼生长规律：8周龄胫长78mm，8周龄达到成年骨架的75%，8周龄末体重690g，体重仅生长36%。10周龄达到成年骨架的82%，而体重生长48%，10周龄末体重890g，胫长86.5mm。12周龄骨骼生长90%，12周龄末胫长95mm，

12 周龄末体重 1 080g，占成年体重的 56％。18 周龄体重 1 550g，胫长 105mm。海蓝褐蛋鸡 36 周龄体重 1 920g。

肉鸡 22～56d 骨骼生长非常快，完成形态、大小的 85％；56～84d 完成骨骼的 95％。

（2）脂肪组织的生长发育。161～210d 为体成熟期，肌肉不再增长，肌间脂肪变大（脂肪细胞内容物增大）。研究表明，蛋鸡 8～10 周龄是脂肪细胞分裂增殖的高峰，但脂肪球的体积、脂肪沉积却是随性器官的逐渐成熟才呈现加速增长。这可能是卵巢的雌激素分泌有促进腹脂蓄积的作用。所以，随着 10～12 周龄后性器官逐渐成熟，体重的增长速度往往较快，有可能出现超重现象，这个阶段可根据实际情况对体重进行适当监控，以防止体脂沉积过多。蛋鸡生长在 36～38 周龄基本完成，这个阶段生长基本停止，以后体重的增加几乎都是脂肪的沉积。产蛋高峰后期，其消化吸收能力减弱而脂肪沉积能力增强。

（3）淋巴组织的生长发育。禽类淋巴组织的分布极为广泛，多为分散淋巴组织，在有些部位则形成特殊的淋巴组织，肉眼可见的有盲肠扁桃体、器官黏膜层分布的弥散性淋巴组织、眼部哈德氏腺淋巴组织、消化道和呼吸道淋巴组织及法氏囊、胸腺、脾。

禽类机体的免疫器官主要有法式囊、胸腺、脾及消化道和呼吸道的一些淋巴组织，无论是冻干疫苗还是灭活疫苗，在其进入机体后，机体发生 2 种类型的免疫应答，一种是抗体介导的，主要是法式囊及消化道的淋巴组织控制的 B 淋巴细胞反应；另一种是由细胞介导的，主要是由胸腺控制的，即 T 淋巴细胞反应，禽类的疫苗免疫应答主要就是 B 淋巴细胞反应。

①呼吸道相关淋巴组织生长发育。呼吸道相关淋巴组织（RALT）是黏膜相关性淋巴组织（MALT）的重要组成部分，MALT 同时也包括肠道及泌尿生殖道相关淋巴组织。由于鸡没有外周淋巴结，所以 MALT 成为主要的次级免疫器官，对禽类的免疫保护起重要作用。伴随着呼吸道结构和功能的一系列转变，RALT 也发生着相应的变化。由于鸡出壳后就需要立即呼吸，从而呼吸道就会接触到与成年鸡接触类型一致的混于空气中的微生物群，而且极有可能接触到病原菌，而此时的雏鸡呼吸道并未得到获得性免疫的保护，哺乳动物出生后仍能通过母乳获得母源抗体，而鸡在出壳后母源抗体水平非常有限，那么鸡如何在出壳初期保护自身不受病原体侵扰，RALT 发育如何，功能是否成熟，是否能够给呼吸道以及机体提供免疫保护？

杨树宝采用常规染色方法从组织水平研究了鸡不同生长发育阶段呼吸道组织结构发育过程和特征：呼吸道各段黏膜中的 RALT 基本都在 4 日龄和 7 日龄时出现，从而形成了呼吸道免疫的组织结构基础。随着日龄的增长，RALT

特征结构不断发育，并基本在 56 日龄时达到成熟水平。在组织水平的基础上，利用免疫组织化学方法结合计算机图像分析技术从细胞水平观察不同生长发育阶段免疫细胞在 RALT 中的出现、迁移、组织定位和分布等发育过程，并分析不同免疫细胞的变化规律及相互关系：各种免疫细胞基本都是在胚胎末期及出壳后 1 日龄时出现。4 日龄和 7 日龄时除了气管外，其他呼吸道各段都形成了含有较多 T 淋巴细胞、B 淋巴细胞、巨噬细胞以及组织相容性复合体（MHC - Ⅱ，抗原递呈分子）的 RALT，从而具备了参与呼吸道免疫的细胞基础。随着日龄增长各种免疫细胞的数量基本都呈上升趋势，并且在 14 日龄时基本达到成熟水平。值得注意的是，35 日龄之前淋巴细胞以 CD3＋T 淋巴细胞为主，而 35 日龄之后以 Bu-1＋B 淋巴细胞为主，并且 CD3＋T 淋巴细胞以辅助性 CD4＋亚群细胞为主，而 Bu-1＋B 淋巴细胞以 IgA 为主，由此可以初步判断 35 日龄之前呼吸道免疫以细胞免疫为主，而 35 日龄之后以黏膜免疫和体液免疫为主。

②盲肠扁桃体生长发育。张立世等研究发现，随着日龄的增长，鸡盲肠扁桃体特征结构不断发育成熟，并在 21 日龄时基本达到成熟水平。21 日龄时，盲肠扁桃体黏膜层中下部形成生发中心，其数目在 35 日龄时达到稳定。该研究证实，在鸡出壳后初期，盲肠扁桃体免疫功能迅速增强，并在 35 日龄时达到成熟水平。

3. 肌肉组织的生长发育规律　肌肉组织由具有收缩能力的肌肉细胞构成，由中胚层分化形成。肌肉细胞的形状细长如纤维，故肌细胞又称肌纤维。肌纤维的主要功能是收缩，形成肌肉的运动，收缩作用是由其胞质中存在的纵向排列的肌原纤维实现的。肌细胞的细胞膜称肌膜，细胞质称肌浆。根据肌细胞的形态结构和功能不同，可将肌组织分为骨骼肌（横纹肌）、平滑肌和心肌 3 种。骨骼肌（横纹肌）附着在骨骼上，一般受意识控制，也称为随意肌，使机体运动。心肌为构成心脏的肌肉组织，心肌能够自动有节律性地收缩，不受意识支配，为不随意肌。平滑肌广泛存在于脊椎动物的各种内脏器官，平滑肌收缩不受意识支配，为不随意肌，使内脏器官蠕动。

10～15d 为雏鸡的肌腱形成期，如果本阶段管理不善，肌腱发育不良，腱鞘紧，腿病发生率高。肉鸡 18～22d 后开始大量采食，22d 后进入肌肉的快速生长阶段。

有学者研究艾维茵肉种母鸡骨骼、肌肉、脂肪等组织的生长发育规律。结果表明，骨骼、肌肉、脂肪等组织的生长发育均符合 Logistic 模型，拟合度在0.95 以上；25 周龄前骨骼、肌肉、脂肪的生长发育不平衡，首先发育的是骨骼，其次是肌肉，最后是脂肪，28 周龄后各组织的发育基本趋于平衡。

王月超等研究发现，Gompertz 模型能较好地拟合 AA 肉公鸡活重、胸肌重和腿肌重随日龄的变化关系，拟合度大于等于 0.97，拐点日龄分别为 41.18 日龄、35.64 日龄和 38.63 日龄。骨骼肌纤维直径随日龄增加不断增加，同日龄不同骨骼肌纤维直径和生长强度不同，胸肌纤维在 7 日龄生长强度最高，大腿肌纤维在 14 日龄、35 日龄生长强度最高，小腿肌纤维在 14 日龄生长强度最高。幂回归能较好地拟合肌纤维直径随日龄的变化关系，拟合度大于等于 0.91。胸肌、大腿肌、小腿肌纤维直径与活重的曲线回归异速方程拟合结果分别以幂回归和多项式回归、多项式回归、多项式回归和线性回归最好；胸肌纤维直径随胸肌重变化的拟合方程中以幂回归、多项式回归最好，拟合度大于等于 0.99，大腿肌纤维直径随腿肌重变化的拟合方程中以多项式回归最好，拟合度为 0.97，小腿肌纤维直径随腿肌重变化拟合方程中以对数回归、多项式回归最好，拟合度大于等于 0.99。以上 F 检验均达到极显著水平（$P <$ 0.01）。

4. 神经组织的生长发育规律 神经组织是由神经细胞和神经胶质细胞构成的组织。神经细胞是神经系统的形态和功能单位，具有感受机体内、外刺激和传导冲动的能力。神经细胞由胞体和突起构成。神经细胞胞体位于中枢神经系统的灰质或神经节内，细胞膜有接受刺激和传导神经兴奋的功能。神经细胞突起根据其形态和机能可分为树突和轴突。树突 1 个或多个，自胞体发出后呈树枝状分支，可接受感受器或其他神经元传来的冲动，并传给细胞体。轴突只有 1 个，其起始部呈圆锥状，向后逐渐变细、变长，末梢形成的分支呈树根状，其功能是将细胞体产生的冲动传至器官组织内。神经胶质细胞是一些多突起的细胞。突起不分轴突和树突，胞体内无尼氏体。神经胶质细胞位于神经细胞之间，无传导冲动的功能，主要是对神经细胞起支持、保护、营养和修补等作用。神经组织的细胞有很长的突起，能接受刺激和传导神经冲动，其由外胚层分化形成。

（1）家禽神经和内分泌系统。

①中枢神经系统。包括脊髓、延髓、小脑、中脑、大脑。

脊髓：脊髓的前行传导路径不发达，只有少数的脊髓前行背束纤维到达延髓，故其外周感受性差。

延髓：延髓发育良好，是具有调节呼吸、血管运动和心脏活动等生命活动中枢。延髓的前庭神经核除与外眼肌运动反射、维持和恢复头部及躯干的正常姿势有关外，还与迷路联系，通过头、翼、腿和尾的紧张性反射调节空间方位的平衡。

小脑：小脑有发达的小脑蚓，无小脑半球。小脑内有控制躯体运动和平衡的中枢。全部摘除小脑后，由于颈和腿的肌肉发生痉挛，有时尾的紧张性增加，不能走动和飞翔。摘除一侧小脑，则同侧腿部僵直。

中脑：中脑控制视觉，禽类视觉较其他动物发达，破坏视叶则失明，视叶表面有运动中枢，刺激视叶可引起同侧运动。

大脑：大脑皮质结构较薄，但纹状体非常发达。大脑内有感觉运动联合中枢。

②外周神经系统。外周神经系统中粗大的神经纤维相对较少，因此传导的速度也较慢。羽毛有复杂的平滑肌系统，其中有的使羽毛平伏，有的使羽毛竖起，两种运动都伴有羽毛的旋转。竖毛肌或伏毛肌都受交感神经的支配，并且分别使其收缩，刺激神经通常发生羽毛平伏。

③内分泌系统。包括垂体、甲状腺、甲状旁腺、鳃后腺、肾上腺、松果体、胰岛、性腺。

垂体：包括腺垂体和神经垂体。腺垂体可分泌促卵泡激素（FSH）、黄体生成素（LH）、促甲状腺激素（TSH）（TSH 能促进甲状腺分泌甲状腺激素）、生长激素（GH）（禽类 GH 的作用与哺乳动物相同）、催乳素（PRL）（PRL 对机体有多方面的调节作用，包括生殖活动、肾上腺皮质活动、渗透压调节、生长和皮肤代谢，如禽类催乳素则促使鸽的嗉囊分泌嗉囊乳以及引起鸡的抱窝）、促肾上腺皮质激素（ACTH）（ACTH 刺激肾上腺皮质的活动）；神经垂体可分泌催产素（8-精催产素释放少量的 8-异亮催产素，8-精催产素为禽类所特有，并具有催产和加压作用，这包括对输卵管刺激、水潴留和血管收缩等方面。增加血浆渗透压或钠离子浓度可刺激鸡的 8-精催产素的分泌）。

甲状腺：甲状腺主要分泌甲状腺激素、三碘甲腺原氨酸和甲状腺素，甲状腺的机能主要有促进代谢、促进生长发育、维持生殖、促进羽毛生长和换羽。

甲状旁腺：甲状旁腺有 2 对，只有主细胞分泌甲状旁腺素（PTH）。其机能是维持钙在体内的平衡，它对于蛋壳形成、肌肉收缩、血液凝固、酶系统、组织的钙化和神经肌肉兴奋性的维持是必需的。钙的体内平衡是通过溶骨过程来调节的。

鳃后腺：鳃后腺有 1 对，鳃后腺的内分泌细胞称 C 细胞，分泌降钙素。降钙素的分泌受血钙浓度的调节，当血钙浓度升高时，鳃后腺降钙素分泌量增多。鳃后腺对高血钙的敏感性比哺乳动物低，因此禽类降钙素的分泌量较哺乳动物高得多。

肾上腺：肾上腺左右各一，位于肾前叶的前内侧。肾上腺外层为皮质，内层为髓质。肾上腺皮质能分泌糖皮质激素和盐皮质激素，其生理作用与哺乳动物相似。肾上腺髓质能分泌肾上腺素和去甲肾上腺素。成年禽类的髓质主要分泌去甲肾上腺素。

松果体：松果体位于大脑半球和小脑之间。松果体主要分泌褪黑激素。其含量在黑暗期最高，而在光照期最低，呈现生理昼夜节律性变化。褪黑激素可影响睡眠、行为和脑活动，可抑制性腺和母禽输卵管的生长。

胰岛：胰岛 B 细胞分泌胰岛素，A 细胞分泌胰高血糖素，D 细胞分泌生长抑素，PP 细胞分泌禽胰多肽。胰岛素主要生理作用是降低血糖。禽类对胰岛素反应的敏感性比哺乳动物低。因禽类血糖浓度相对较高，是哺乳动物的 2～3 倍，禽类胰高血糖素的含量比哺乳动物高，约为它的 10 倍。

性腺：分泌雄性激素和雌性激素。雄激素主要为睾酮，还有少量雄烯二酮、去氢异雄酮等。睾酮的生理作用是维持公禽的正常性活动；控制公禽的第二性征发育，如肉冠和肉髯的发育、啼鸣等；影响公禽的特有行为，如交配、展翼、竖尾，以及在群体中的啄斗等；促进新陈代谢和蛋白质合成。母禽性激素即雌激素、雄激素和孕酮。生理作用主要是促使输卵管发育、耻骨松弛和肛门增大，以利于产卵；促使蛋白分泌腺增生，并在雄激素及孕酮的协同下使其分泌蛋白；在甲状旁腺素的协同作用下，控制子宫对钙盐动用和蛋壳的形成；使羽毛的形状和色泽变成雌性类型；使血中的脂肪、钙和磷的水平升高，为蛋的形成提供原料。禽类产卵后不形成黄体，孕酮可刺激腺垂体释放促卵泡激素和黄体生成素，加速卵泡的成熟和引起排卵。但大剂量注射孕酮反而引起卵泡萎缩，阻断排卵和产蛋。

（2）脑的生长发育。在原肠胚中，脊索诱导背部上胚层演变为神经板，使外胚层发育成神经组织的过程称为神经诱导，包括形成神经板的初级诱导和形成早期脑及脊髓的次级诱导。它是整个胚胎发育过程中重要的作用之一，整个神经系统的发育就是由此开始的。

脑起源于神经管的头段，鸡胚脑在胚胎发育的第 3～4 周形成一个位于胚体背部中轴线上的神经管，神经管的头部发育增大形成脑，其余部分仍保持管状，形成脊髓。阿依木古丽对静宁鸡胚脑发育进行的研究显示，鸡胚的体重和头重随日龄增加而增加，鸡胚 8～12d 增重缓慢，从鸡胚 13d 开始加速生长；而胚脑的增长与体重和头重的增长类似，即从鸡胚 13d 开始快速生长。鸡胚 13d 小脑皮质分成不明显的 3 层结构：薄层的内颗粒层、Purkinje 细胞层和厚的外颗粒层，此时观察不到髓质；而到鸡胚 16d 外颗粒层变薄，Purkinje 细胞层变厚，出现少量髓质；鸡胚 20d 小脑皮质分为明显的分子层、Purkinje 细胞层和颗粒层，髓质有所增加。静宁鸡胚胎脑的重量随胚胎体重的增重而增加，小脑髓质随着小脑皮质的发育而逐渐发生。

应用免疫组织化学技术显示蛋鸡生长发育过程中下丘脑中生长抑素（SS）免疫阳性神经元的分布，发现蛋鸡在生长早期（1 周龄和 3 周龄）SS 免疫阳性神经元数量较多，6 周龄时暂时降低，到 9 周龄又回升，在生长晚期（61 周龄）呈显著下降趋势。尽管公鸡和母鸡 SS 免疫阳性神经元数量没有显著差异，但母鸡的 SS 免疫阳性神经元数量从第 3 周龄到第 6 周龄明显下降，第 9

周龄时显著上升，表明 SS 免疫阳性神经元的发育具有性别差异。研究表明，蛋鸡下丘脑中 SS 免疫阳性神经元数量与血浆中 GH 水平呈负相关，下丘脑中 SS 控制着脑垂体中 GH 的分泌。

（3）脊髓运动神经元生长发育。神经管的下段分化为脊髓，其管腔演化为脊髓的中央管，套层分化为脊髓的灰质，边缘层分化为白质。鸡脊髓运动神经元的胞体和树突在胚 5～13d 期间为指数倍增式生长，在鸡胚孵化 13d 至孵化出生后 1d 期间为直线增长。两者的转变点可以作为神经系统胚期及胎期划分的参考指标。追踪运动神经元树突主干和分支的出现时序，可见到在胚 10d 前主要为树突主干从胞体向各方位芽生，10d 后树突才出现广泛分支。此外，还可看到树突的聚集、束化、分束和束化消退等过程。在胚胎脊髓中可在第 5 天、第 10 天和第 12 天分别直接观察到出现的 3 种不同感觉纤维投射到脊髓背角，分别形成间接反射弧、直接反射弧和呈网状分叉复杂的反射通路。

（4）鸡胚角膜神经生长发育。薛芸霞研究发现，鸡胚 6～8d 可见神经束从颞侧巩膜进入角膜缘，鸡胚 9～10d 时神经纤维在角膜缘呈环状分布，鸡胚 11～15d 时延伸进入角膜中央，鸡胚 16～20d 时角膜形成神经纤维丛。鸡胚 6～20d 时，鸡胚角膜表面积、角膜神经纤维长度、角膜神经纤维密度均随着胚龄的增长而逐渐增加，总体比较差异均有统计学意义（$F = 127.007$、227.051、67.748，$P < 0.01$），鸡胚角膜表面积与角膜神经纤维长度间呈强正相关。

（5）中脑视顶盖生长发育。中脑视顶盖为鸟类视觉与光信息通路中非常重要的组成部分，结构上呈明显的灰质与白质相间的分层构造。据杨慈清研究，鸡胚发育过程中，视顶盖从胚胎发育的鸡胚 4d 开始到鸡胚 12d 时 6 层结构已经基本形成，新生神经元鸡胚 12d 后明显减少，其视顶盖 6 层结构的形成规律是从内向外的。

刘振彬研究，视顶盖中央白质层（stratum album centrale，SAC）在鸡胚 11～17d 发育迅速，在鸡胚 17～20d 时发育暂缓。SAC 不同区域发育速度存在差异，外侧较背侧和腹侧的发育速度快，于鸡胚 17d 已基本完成了胚胎时期发育，而背侧和腹侧到鸡胚 20d 时才完成。

四、内脏器官生长发育规律

鸡内脏器官包括喉、食管、气管、嗉囊、心脏、腺胃、胆囊、脾、肝、肌胃、支气管、肺、盲肠、肾、泄殖腔、直肠、肠系膜、空回肠、十二指肠、胰腺、输卵管、卵巢。此外，还包括胸腺、法氏囊等淋巴器官。图 4-8 为鸡内脏器官示意图。

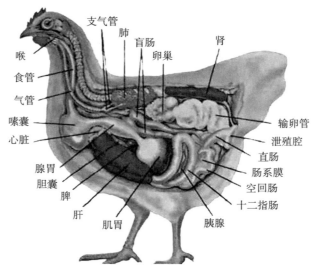

图 4 - 8　鸡内脏器官示意图

（一）消化器官的生长发育

以海兰灰蛋鸡为例，总消化道初生平均重 4.42g，91 日龄重 84.11g；各消化器官与体重的比值在 5 日龄前最大，以后逐渐降低，42 日龄后各消化器官重量与体重的比值趋于稳定；各消化器官重占总消化道总重的比值由高到低依次为小肠、肌胃、直肠、腺胃、嗉囊、胰腺；总肠道长度初生平均长为 55.44cm，91 日龄为 163.13cm，海兰灰蛋鸡十二指肠的生长最为迅速，然后为空肠、盲肠、直肠和回肠，胰腺、腺胃、肌胃和嗉囊生长最缓慢。与出生时相比，消化道长度的增长远低于同期重量的增加；空肠占总肠道长度的比值最大，其次为回肠、盲肠、十二指、直肠；随日龄的增加，肠道各段占总肠道长度的比值无显著变化。

据研究观察，海兰灰蛋鸡体重增长量于 63 日龄进入高峰期，77 日龄达到高峰。葛剑（2005）报道河北柴鸡体重发育的生长拐点为 9.12 周龄。消化器官的发育在 42～56 日龄接近完成，表明消化器官的生长发育领先于体重的增长。Nitsan. Z（1991）和安永义等（1999）报道家禽在生长阶段优先增长消化器官，以便摄入和消化足够养分为后期机体生长创造条件。

（二）胚胎期各脏器生长发育

选择苏禽 96 鸡胚胎从孵化 3d 开始至 18d 止，对胚胎及其部分组织器官进行测量，并对各测量值进行生长分析，结果表明，胚胎和部分组织器官的重量和长度逐日增长，呈先快后慢的生长发育特点。相对生长分析表明，生长最强烈的时期正是胚胎组织器官处于分化的时期，其新陈代谢最旺盛，在孵化7～9d，相对生长速度除体重和肺之外，其余器官均呈现强烈生长，而体重和肺则分别在孵化3～5d和13d时出现强烈生长。绝对生长分析表明，各个组织器官随分化而加快生长，一旦器官分化方向决定，则开始加快生长，体重、心脏重、肝重、前肢重、后肢重、胫长、喙长等性状在孵化10～11d绝对生长速度开始加快，16d时达到生长高峰期，体长和头长的绝对生长速度出现快慢交替的波浪式生长规律。累积生长分析表明，同一时期各器官生长速度不一致，可能与其功能需要有关；体重、肝重、肺重、卵巢重、睾丸长、头重、喙长等性状的累积生长逐日平缓生长，起伏不大；而体长、心脏重、头长、前肢重、后肢重、前肢长、后肢长、第3趾长、胫长、眼泡直径等性状的累积生长从孵化5～6d开始加快速度生长，持续到16d达到高峰期，以后开始缓慢增长。

选用0日龄泰和鸡310只（其中10只于0日龄屠宰）随机分成6组，每组50只（公母各半），喂以同一日粮饲养至12周龄。每隔2周对泰和鸡进行称重，每组随机抽取公母鸡各1只（共12只）进行屠宰解剖，测定各内脏器官的重量。结果表明，内脏器官的发育峰期在8周龄以前，但各内脏器官的生长发育速度不一致。心脏、肝、肺、腺胃、胰腺、小肠的发育早于其他内脏器官的发育，全消化道、小肠、肌胃、胰腺、肝的发育早于体重的发育。

（三）淋巴器官的生长发育

淋巴器官包括胸腺、脾和法氏囊。

胸腺位于颈部两侧的皮下，沿颈静脉延伸到胸前部，黄色或红灰色，呈不规则的串状小叶，每侧7叶。胸腺在性成熟时最大，随后开始由前向后逐渐退化，成年时仅留下痕迹。胸腺主要与细胞免疫有关。

脾位于腺胃的右侧，红褐色，是血液循环通路上的淋巴器官，具有造血、滤血、免疫功能。

法氏囊（bursa of Fabricius，BF）是禽类特有的免疫器官，又称腔上囊，位于泄殖腔背侧，开口于肛道。鸡的法氏囊在4～5月龄时最发达，呈球形或椭圆形，性成熟后开始退化。法氏囊主要与体液免疫有关。它是B淋巴细胞发育、分化和成熟的场所，发育成熟的B淋巴细胞从法氏囊迁移到外周淋巴器官中定居、繁衍，并执行重要的免疫功能。幼龄鸡法氏囊易受感染而受损，甚至发生萎缩，引起免疫抑制。从形态学角度研究鸡法氏囊发育规律显示，随着日龄的增长，法氏囊不断完善自身结构，细胞排列更加紧密，淋巴滤泡逐渐增大，淋巴细胞增多。1日龄法氏囊形成4～5条细长的黏膜皱襞，黏膜下层较薄，呈疏松的空网状，肌层内平滑肌细胞数量较少，浆膜较薄；7 日龄法氏囊淋巴结内皮质髓质分界清晰，滤泡显著增大增多；21～35 日龄，滤泡由多边形逐渐转变成长方形；42 日龄时，黏膜上皮细胞逐渐增多，排列紧密，细胞核紧密排列成直线位于上皮基底部。

在对"农大 3 号"节粮型矮小蛋鸡法氏囊、脾和胸腺 3 种重要的淋巴器官研究中，以出壳后 0 周龄、1 周龄、2 周龄、3 周龄、4 周龄、6 周龄、8 周龄、10 周龄、12 周龄、14 周龄矮小蛋鸡为研究对象，采用 HE 染色、SPSS 分析 3 种免疫器官的结构和功能变化规律及影响因素，结果发现，在 1～14 周龄，随着日龄增长，法氏囊、脾和胸腺的绝对重量呈现增长趋势。法氏囊指数在 0 周龄最低，4～8 周龄达最大，8 周龄之后略微下降，但与 4～8 周龄无显著差异。随日龄增长，法氏囊小结面积增大，皮质、髓质面积也逐渐增大；0 周龄法氏囊小结大部分为髓质，仅有少部分皮质；之后皮质迅速增多；4 周龄时皮质、髓质因细胞凋亡开始出现空泡结构；6～8 周龄髓质细胞开始变得稀疏，皮质、髓质交界处上皮细胞下基膜明显增厚；至 10 周龄及后期，皮质髓质细胞均较为稀疏，交界处基膜更为清晰。脾指数在 0 周龄最低，4～10 周龄达最大，10 周龄之后略微下降，但与 4～10 周龄无显著差异。随日龄增长，脾内淋巴细胞数量显著增加。0 周龄时脾内脾小结不明显；1 周龄可见动脉周围淋巴鞘形成，4 周龄时白髓内出现明显的脾小结，个别脾小结内可见明显的生发中心；6～8 周龄时红髓面积显著增加。胸腺指数在出壳后 0 周龄最大，之后显著降低，1～14 周龄差异不显著。从 2 周龄后，发育的胸腺小叶中细胞数量增多，淋巴细胞样细胞出现独立散在分布，小叶中个别区域出现细胞缺失后遗留的空斑。髓质相互融合贯通，细胞密度较小，体积较大，其中可以观察到充满红细胞的毛细血管及均质红染的胸腺小体，随日龄增加，小体数量增加。

在饲养的 14 周内，矮小蛋鸡各免疫器官均发育良好，未经免疫的矮小蛋鸡法氏囊和脾以器官指数为指标均未出现明显的退化标志。脾在 4 周龄时出现发育成熟的标志，一直到 14 周龄未见退化现象，胸腺在 2 周龄时出现明显的退化现象。法氏囊以显微形态学为指标在 4 周龄时出现明显的退化迹象。

五、禽类各生理阶段生长发育的特点

（一）胚胎发育阶段

1. 胚胎的发育生理

（1）胚膜的形成及其功能。胚胎发育早期形成 4 种胚外膜，即卵黄囊、羊膜、浆膜（也称绒毛膜）、尿囊，这几种胚膜虽然都不形成鸡体的组织或器官，但是它们对胚胎发育过程中的营养物质利用和各种代谢等生理活动的进行是必不可少的。

（2）胚胎血液循环的主要路线。早期鸡胚的血液循环有 3 条主要路线，即卵黄囊血液循环、尿囊绒毛膜血液循环和胚内循环。

2. 胚胎发育过程　胚胎发育过程相当复杂，以鸡的胚胎发育为例，其主要特征如下：

第 1 天，在入孵的最初 24h，即出现若干胚胎发育过程。4h 心脏和血管开始发育；12h 心脏开始跳动，胚胎血管和卵黄囊血管连接，从而开始了血液循环；16h 体节形成，有了胚胎的初步特征，体节是脊髓两侧形成的众多的块状结构，以后产生骨骼和肌肉；18h 消化道开始形成；20h 脊柱开始形成；21h 神经系统开始形成；22h 头开始形成；24h 眼开始形成。中胚层进入暗区，在胚盘的边缘出现许多红点，称"血岛"。

第 2 天，25h 耳开始形成，卵黄囊、羊膜、绒毛膜开始形成，胚胎头部开始从胚盘分离出来，照蛋时可见卵黄囊血管区形似樱桃，俗称"樱桃珠"。

第 3 天，60h 鼻开始发育；62h 腿开始发育；64h 翅开始形成，胚胎开始转向成为左侧下卧，循环系统迅速增长。照蛋时可见胚和延伸的卵黄囊血管形似蚊子，俗称"蚊虫珠"。

第 4 天，舌开始形成，机体的器官都已出现，卵黄囊血管包围蛋黄达 1/3，胚胎和蛋黄分离。由于中脑迅速增长，胚胎头部明显增大，胚体更为弯曲。胚胎与卵黄囊血管形似蜘蛛，俗称"小蜘蛛"。

第 5 天，生殖器官开始分化，出现了两性的区别，心脏完全形成，面部和鼻部也开始有了雏形。眼的黑色素大量沉积，照蛋时可明显看到黑色的眼点，俗称"单珠"或"黑眼"。

第 6 天，尿囊达到蛋壳膜内表面，卵黄囊分布在蛋黄表面的 1/2 以上，由于羊膜壁上平滑肌的收缩，胚胎做有规律的运动。蛋黄由于蛋白水分的渗入而达到最大的重量，由原来的约占蛋重的 30% 增至 65%。喙和"卵齿"开始形成，躯干部增长，翅和脚已可区分。照蛋时可见头部和增大的躯干部两个小圆点，俗称"双珠"。

第 7 天，胚胎出现鸟类特征，颈伸长，翼和喙明显，肉眼可分辨机体的各个器官，胚胎自身有体温，照蛋时胚胎在羊水中不容易看清，俗称"沉"。

第 8 天，羽毛按一定羽区开始发生，上下喙可以明显分出，右侧蛋巢开始退化，四肢完全形成，腹腔愈合。照蛋时胚在羊水中浮游，俗称"浮"。

第 9 天，喙开始角质化，软骨开始硬化，喙伸长并弯曲，鼻孔明显，眼睑已达虹膜，翼和后肢已具有鸟类特征。胚胎全身被覆羽乳头，解剖胚胎时，心脏、肝、胃、食管、肠和肾均已发育良好，肾上方的性腺已可明显区分出雌雄。

第 10 天，腿部鳞片和趾开始形成，尿囊在蛋的锐端合拢。照蛋时，除气室外整个蛋布满血管，俗称"合拢"。

第 11 天，背部出现绒毛，冠出现锯齿状，尿囊液达最大量。

第 12 天，身躯覆盖绒羽，肾、肠开始有功能，开始用喙吞食蛋白，蛋白大部分已被吸收到羊膜腔中，从原来占蛋重的 60% 减少至 19% 左右。

第 13 天，身体和头部大部分覆盖绒毛，胚出现鳞片，照蛋时，蛋小头发亮部分随胚龄增加而减少。

第 14 天，胚胎发生转动而与蛋的长轴平行，其头部通常朝向蛋的大头。

第 15 天，翅已完全形成，体内的大部分器官基本都已形成。

第 16 天，冠和肉髯明显，蛋白几乎全被吸收到羊膜腔中。

第 17 天，肺血管形成，但尚无血液循环，也未开始肺呼吸。羊水和尿囊也开始减少，躯干增大，脚、翅、胫变大，眼、头日益显小，两腿紧抱头部，蛋白全部进入羊膜腔。照蛋时蛋小头看不到发亮的部分，俗称"封门"。

第 18 天，羊水、尿囊液明显减少，头弯曲在右翼下，眼开始睁开，胚胎转身，喙朝向气室，照蛋时气室倾斜。

第 19 天，卵黄囊收缩，连同蛋黄一起缩入腹腔内，喙进气室，开始肺呼吸。

第 20 天，卵黄囊已完全吸收到体腔，胚胎占据了除气室之外的全部空间，脐部开始封闭，尿囊血管退化。雏鸡开始大批啄壳，啄壳时上喙尖端的破壳齿在近气室处凿一圆的裂孔，然后沿着蛋的横径逆时针敲打至周长 2/3 的裂缝，此时雏鸡用头颈顶，两脚用力蹬挣，20.5d 大量出雏。颈部的破壳肌在孵出后8d 萎缩，破壳齿也自行脱落。

第 21 天，雏鸡破壳而出，绒毛干燥蓬松。

3. 胚胎发育过程中的物质代谢　发育中的鸡胚需要蛋白质、糖类、脂肪、矿物质、维生素、水和氧气等作为营养物质，以完成正常发育。

4. 气体交换　胚胎在发育过程中不断进行气体交换。孵化最初 6d，主要通过卵黄囊血液循环供氧，然后尿囊绒毛膜血循环达到蛋壳内表面，通过它由蛋壳上的气孔与外界进行气体交换。到 10d 后，气体交换才趋于完善。第 19天以后，胚雏开始肺呼吸，直接与外界进行气体交换。鸡胚在整个孵化期需氧量为 4～4.5L，排出二氧化碳 3～5L。

（二）孵化出壳后阶段

1～10d，雏鸡的开食、饮水、温度、湿度等管理对今后生长发育及均匀度影响非常大，此阶段为肉鸡生长发育的基础。第 1 周，免疫器官、心脏、肺功能迅速发育。

10~12d，雏鸡24h的生物钟开始形成。

10~15d，鸡的肠道生长速度较快。以上器官的发育成熟为18~22日龄快速生长做准备。

1~70日龄鸡的生长速度比较快，对环境的要求严格，受环境的影响比较大，本阶段为肉鸡的生长反应期。蛋鸡5周龄内是内脏器官发育阶段。

70~105d，对肉种鸡而言，本阶段因为限饲所以对料量的变化反应不明显，而对于蛋鸡，此阶段采料量几乎是不变化的。种鸡从9周龄第3天开始更换第1根主羽，以后每2周更换1~1.5根，至22周龄加光时剩1.5~2根。公鸡70~84d性细胞突然增加几千万个就停止下来，从98d后公鸡的性激素快速增加。母鸡体内的卵细胞开始形成雌激素和黄体素，此可使母鸡耻骨间距开张到1~1.5指。10~12周龄也是内脏器官发育的主要阶段。

105~161d，鸡又进入第2个快速生长阶段，此阶段增重主要以增加脂肪的储量为主，增重模式对今后的生产成绩有较大影响。15周龄后，体组织中变化最大的是卵巢，体脂沉积也明显加速。这个阶段的体重增长要充分考虑卵巢的发育成熟。

161~175d，即加光前3周肉种鸡的营养非常重要，在此期间输卵管的发育非常快，由原来的0.5cm×5cm增加到1cm×20cm左右，如果本阶段6d内得不到充足的营养，最大的卵泡将停止发育，即使随后加料也不能成熟，此卵泡必须用18~28d的时间吸收后才能发育，此阶段给料量若再过高，只能导致鸡的体重增加。产蛋母鸡正常的体重发育规律是20周龄前体重增长较多，20~38周龄平均每日增重2~4g，此后保持相对平衡并稍有增加（每天0.1g）。

（三）青年母鸡"多阶段生长"理论

基本含义是：生长被认为是个不连续的过程，存在着数个互不相同的生长"波"或"高峰"。青年母鸡的生长主要有4个高峰期，其中第1和第2生长期内的发育主要是维持组织，如骨骼和内脏；第3生长期称为性成熟生长高峰，这一阶段增加的全部体重40%~70%是生殖器官的生长；第4生长期被认为是由脂肪沉积构成。因此，饲养者应该对青年母鸡的常规饲养方案进行调整，使其适应青年母鸡多阶段生长特点。应根据品种或品系确定后备母鸡的生长模式，再在特定的生长阶段对某些器官或组织的发育有针对性地供应营养物质。

1. 小雏

（1）体温调节能力不健全，对温度管理要求严格。初生时37~39℃，未达到40.5℃，4日龄均衡上升，10日龄达成年体温，2周龄时体温调节能力趋于完善，6~7周龄可适应外界温度。研究表明，雏鸡孵出后，给料前12h内，在饮水中添加5%~10%的蔗糖，不仅可以减少死亡，还可以提高8周龄时的体重。

（2）胆小怕惊，消化能力差，少喂勤添。

（3）第1周，免疫、心脏、肺功能迅速发育，确定合理的早期免疫尤其重要。

（4）能量11.96MJ/kg，蛋白质19%以及理想的氨基酸水平，蛋氨酸0.4%，蛋氨酸＋胱氨酸0.7%，赖氨酸1.0%，苏氨酸0.74%。4～5周龄换羽要求含硫氨基酸充足。

（5）5周龄定终身。5周龄末海兰褐体重380g。0～5周龄是蛋鸡内脏器官发育阶段，该阶段体重是否达到育种公司制订的标准对蛋鸡全程的生产性能发挥起着决定性的作用。前5周龄的失重意味着一些重要组织（内脏器官）无法恢复的发育不良，包括免疫功能和对疫苗的反应。

2. 大雏

（1）关注体重和体型发育。骨骼开始较快发育。

（2）能量11.78MJ/kg，蛋白质18.0%，7～8周龄换羽要求含硫氨基酸充足。

（3）胫长——从跗关节到脚底（第3与第4趾间）的垂直距离。骨骼发育检查方法：一般分别在5周龄、8周龄、12周龄用游标卡尺测量胫骨长度，部位是从跗关节到脚底的垂直距离。简易方法：三角板测量法。

（4）尽可能使雏鸡在8周龄时达到标准体重。若8周龄体重没有达标，万万不可将雏鸡料换成中鸡料，应延长雏鸡料的供给时间，要以体重作为换料标准，而不要以日龄作为换料标准。利用8～12周龄体重快速增长潜力，以高营养日粮饲喂，使体重在10～12周龄达到体重标准范围且以达到体重上限为好。

3. 生长期

（1）羽毛丰满，具有健全的体温调节能力。

（2）食欲旺盛，消化系统逐渐发达，消化功能较强。生长迅速，骨骼、肌肉发育。

（3）关注体重和胫骨的长度，12周龄末海兰褐体重1 080g，胫长95mm。

（4）在育成鸡饲养过程中，光照时间的长短影响饲料摄取量与生殖器官的发育。但12周龄之前的光刺激不影响性成熟，因此可以给10周龄之前的后备母鸡较长光照时间，以促其多进食而加速生长。

（5）研究表明，8～10周龄是蛋鸡脂肪细胞分裂增殖的高峰，但脂肪球的体积、脂肪沉积是随性器官的逐渐成熟后才呈现加速增长。这可能是由于卵巢的雌激素分泌有促进腹脂蓄积的作用。所以，随着10～12周龄后性器官逐渐成熟，体重的增速往往较快，有可能出现超重现象，这个阶段可根据实际情况对体重进行适当监控，以防止体脂沉积过多。12周龄后若出现超重，应维持上周料量而不应减料，防止体重下降。若体重不达标，应及时查找原因，采取相应措施，使饲养程序及营养合理供给，刺激多采食，使其生长曲线向标准曲线靠近，同时也要防止迅速达标，以防脂肪沉积过快，影响以后的开产。

（6）10～12周龄也是内脏器官发育的主要阶段。使用破碎饲料或在粉状饲料中添加沙粒有助于增强消化功能。沙粒的喂量和粒度：每千只鸡5～8周龄4.5kg（3～4mm大小，每只每周2g）；每千只鸡9～12周龄9kg（4～6mm大小，每只每周3g）；每千只鸡13～20周龄11kg（4～6mm大小，每只每周3g）。添加方法为拌入饲料或单独放入料槽饲喂。沙粒要求清洁卫生，最好用清水洗净，再加0.1%高锰酸钾溶液消毒后使用。

4. 育成期

（1）注意光照控制，育成期间光照只能缩短或者恒定，不可延长。

（2）12～13周龄换羽要求含硫氨基酸充足，肌肉、生殖系统发育。

（3）调控后备鸡体型在经济上是有利的，因为体型大小对蛋的大小有着极大的影响。如果到12周龄胫长与体重是同步的，则此鸡群其后的产蛋潜力是良好的。

（4）近年来有证据表明，褐壳蛋后备母鸡不能很准确地按日粮能量水平调节进食量；后备母鸡的能量进食量不足是生长受阻的最大限制因素。

（5）15周龄后，体组织中变化最大的是卵巢，体脂沉积也明显加速。这个阶段的体重增长要充分考虑卵巢的发育成熟，所以不管是否已经超标都应使鸡保持一定的增重；否则，会影响生殖器官的发育，导致开产延迟，影响将来的生产性能。这个阶段应适当提高日粮的营养浓度，特别是能量水平，而且要将钙的水平提高，做好开产准备。同时，使鸡体重能够达标，最好达到标准的偏上水平，因为有一定的体脂储备对产蛋是有利的。

5. 预产期

（1）生殖系统迅速发育，要求高能低蛋白质日粮和钙的储备。建议在性成熟前采用含钙2%、营养浓度又稍高的预产期日粮，一是为了调控体重的大小；二是为了在钙代谢方面进行过渡性变化。实验证明后备母鸡入产蛋舍前至少2周里饲喂产蛋日粮可以增加骨钙含量，提高蛋壳质量，减少笼养蛋鸡疲劳综合征的发病率。

（2）18～20周龄换羽，要求含硫氨基酸充足。18周龄体重1 550g，胫长105mm，均匀度95%以上，均匀度每提高3%，入舍母鸡产蛋数可增加3～4个。

（3）较高的抗体水平，预防新城疫、流感、传染性支气管炎、产蛋下降综合征。

（4）在后备鸡群未达成熟体重前不能开始光照刺激，这有助于保证鸡群的体储备，有利于维持较高的产蛋率并达到预期的蛋重。

（5）首次光照刺激宜跨越式达到 13h 的光照时间，以使产蛋整齐一致。

（6）在大多数国家，后备母鸡至 18 周龄的培育成本相当于 15～18 个蛋价。这在我国显然是不够的。

6. 高峰上升期

（1）这个阶段的鸡负担极重，迅速达到产蛋高峰，同时仍要完成一部分体重增长。对营养要求比育成后期有所提高，但与之矛盾的是此时鸡的采食量增长幅度往往不能满足营养需要，这个时期更多的是动用开产前育成鸡的营养储备，这又一次说明培育育成鸡体重适宜的必要性。所以为满足蛋鸡此阶段的营养需要，一定要提高日粮营养浓度，能量水平不少于 4 186J/kg，粗蛋白质不低于 16.3％。如果新开产蛋鸡动用体内储备营养物质太多，会造成蛋鸡抵抗力下降，高峰产蛋率不稳。

（2）此期间应有一次大肠杆菌预防用药。

7. 高峰持续期

（1）达到最高的营养水平时，蛋鸡的生产性能最好，但经济效益不是最好。多年的经验表明，产蛋高峰期最佳的蛋白能量比为 14.3（g/MJ），高氨基酸日粮对应的粗蛋白质 16.1％，代谢能 11.25MJ/kg。

（2）产蛋母鸡正常的体重发育规律是 20 周龄前体重增长较多，20～38 周龄平均每天增重 2～4g，此后保持相对平衡并稍有增加（每天 0.1g），若产蛋高峰期蛋鸡体重减轻，意味着体内储能过多被动用，如从日粮中得不到及时补充，即预示着产蛋率的下降和产蛋高峰的提前结束。对从开产到 40 周龄体增重比率的研究结果表明，产蛋母鸡体重增加 20％～25％时，其 72 周龄的产蛋量最高，当体增重比率小于 5％，其 72 周龄的产蛋性能将受到较大影响。

（3）蛋鸡生长在 36～38 周龄基本完成，这个阶段生长基本停止，以后体重的增加几乎都是脂肪的沉积。

8. 高峰后期

（1）产蛋后期，其消化吸收能力减弱而脂肪沉积能力增强。

（2）产蛋后期，适当降低营养水平，尤其是粗蛋白质水平，应控制体重，减少后期的破蛋率。因为后期蛋壳比例的增加幅度远远小于蛋重的增加幅度。

（3）增加钙的供给。

（4）增加蛋白质、含硫氨基酸。饲粮补充锌，有利于后期换羽。肌内注射睾丸甾酮、甲状腺素或黄体酮的生物学法（激素法）和高锌日粮（2％氧化锌）的化学法（抑制大脑食欲中枢）是较普遍采用的人工强制换羽方法。

六、蛋鸡的生长与生产

蛋鸡是指饲养的专门产蛋的鸡，鸡蛋是饲养蛋鸡的主要收入来源。与肉用鸡不同，人们饲养蛋鸡的主要目的是提高鸡蛋质量和保持或提高产蛋量，而并非提高鸡肉品质。蛋鸡从出壳到淘汰大约需要饲养 72 周。根据蛋鸡生长发育的特点和规律可将蛋鸡饲养划分为几个不同的饲养管理阶段。要想使蛋鸡的高产性能充分发挥，以获取最佳的饲养效益，除品种因素外，关键在于熟悉并掌握蛋鸡在不同生长阶段的需求和饲养管理技术要点。

（一）蛋鸡生长规律

产蛋鸡生长阶段总体上可分为育雏、育成和产蛋 3 大阶段。

1. 育雏阶段（0～6 周龄）　0～6 周龄为育雏期。其饲养管理总的要求是根据雏鸡生理特点和生活习性，采用科学的饲养管理措施，创造良好的环境，以满足鸡的生理要求，严格防止各种疾病发生，提高成活率。

（1）雏鸡的生理特点。

①体温调节机能差。雏鸡绒毛稀短、皮薄、皮下脂肪少，保温能力差。其体温调节机能在 2 周龄后才逐渐趋于完善，维持适宜的育雏温度对雏鸡的健康和正常发育至关重要。

②生长发育迅速，代谢旺盛。雏鸡 1 周龄体重约为初生重的 2 倍；6 周龄时约为 15 倍；其前期生长发育迅速，在营养上要充分满足其需要。由于生长迅速，雏鸡的代谢很旺盛，单位体重耗氧量是成年鸡的 3 倍。在管理上必须满足其对新鲜空气的需要。

③消化器官容积小、消化能力弱。雏鸡消化器官还处于发育阶段，进食量有限，消化酶分泌能力不太健全，消化能力差。所以配制雏鸡料时，必须选用质量好、易消化、营养水平高的全价饲料。

④抗病力差。由于雏鸡对外界的适应力差，对各种疾病的抵抗力也弱，在饲养管理上稍有疏忽，即有可能患病。在 30 日龄之内雏鸡的免疫机能还未发育完善，虽经多次免疫接种，自身产生的抗体还难以抵抗强的病原微生物侵袭。因此，必须为其创造一个适宜的环境。

⑤敏感性强。雏鸡不仅对环境变化很敏感，而且由于生长迅速，对一些营养物质的缺乏和一些药物及霉菌等有毒有害物质的反应也很敏感。所以，应注意环境控制和饲料的选择，用药也需慎重。

⑥群居性强、胆小。雏鸡胆小，缺乏自卫能力，喜欢群居。比较神经质，对外界的异常刺激非常敏感，易混乱引起炸群，影响正常的生长发育和抗病能力。所以需要环境安静及避免新奇的颜色，防止鼠、雀等动物进入鸡舍。同时，注意其饲养密度的适宜性。

⑦初期易脱水。刚出壳的雏鸡体内含水量在 75% 以上，如果在干燥的环境中存放时间过长，则很容易在呼吸过程中失去很多水分，造成脱水。育雏初期

干燥的环境也会使雏鸡因呼吸失水过多而增加饮水量,影响消化机能。所以,在出生之后的存放、运输及育雏初期注意湿度的问题就可以提高育雏成活率。

(2) 管理要点。

①密度。平养,1~3周龄20~30只/m²,4~6周龄10~15只/m²;笼养,1~3周龄50~60只/m²,4~6周龄20~30只/m²,注意强弱分群饲养。

②温度。温度对于育雏开始的2~3周极为重要。刚出壳的雏鸡要求温度达到35℃,此后每5d降低1℃,在35~42日龄时达到20~22℃。

注意观察,如发现雏鸡倦怠、气喘、虚脱,则表示温度过高;如果雏鸡挤作一团、吱吱鸣叫,则表示温度过低。

表4-9为蛋鸡各阶段适宜温度。

表4-9 蛋鸡各阶段适宜温度 (℃)

日龄	育雏温度		日龄	育雏温度	
	笼养	平养		笼养	平养
1~3	33~35	35	22~28	25~28	25
4~7	32~33	33	29~35	22~25	22
8~14	31~32	31	36~140	17~21	17~21
15~21	28~30	28			

③湿度。湿度过高影响水分代谢,不利于羽毛生长,易滋生病菌和原虫等,尤其是球虫病。湿度过低不仅雏鸡易感冒,而且由于水分散发量大,影响卵黄吸收,同时引起尘埃飞扬,易诱发呼吸道疾病,严重时会导致雏鸡因脱水而死亡。适宜的相对湿度为10日龄前60%~70%,10日龄后55%~60%。湿度控制的原则是前期不能过低,后期应避免过高。

④饮水。饮水是育雏的关键,雏鸡出壳后应尽早供给饮水,炎热的夏季尽可能提供凉水;寒冷的冬季应给予温度不低于20℃的温水。在育雏的前几天,水中可加入5%的糖、适量的维生素和电解质,能有效地提高雏鸡的成活率。

⑤饲喂。雏鸡在进入育雏舍后先饮水,隔3~4h就可以开食。饲喂次数,第1周龄每天6次,以后每周可减少1次,直到每天3次为止。尽可能选用雏鸡开食料。

⑥通风。可调节温度、湿度、空气流速、排出有害气体,保持空气新鲜,减少空气中的尘埃,降低鸡的体表温度等。应注意观察鸡群,以鸡群的表现及舍内温度的高低来决定通风的次数与时间长短。

⑦光照。原则上第1周光照强,2周以后避免强光照,光照度以鸡能看到食物进行采食为宜。光照时间,第1周龄每天22~24h,第2~8周龄每天

10~12h，第 9~18 周龄每天 8~9h。

⑧分群。适时疏散分群，可使雏鸡健康生长、减少发病，是提高成活率的一项重要措施。分群时间应根据密度、舍温等情况而定。一般是在 4 周龄时进行第 1 次分群，第 2 次应在 8 周龄时进行。具体是将原饲养面积扩大 1 倍，根据强弱、大小分群。

⑨断喙与修喙。7~11 日龄是第 1 次断喙的最佳时间；在 8~10 周龄进行修喙。在断喙前 1d 和后 1d 饮水（或饲料）中可加入维生素 K_3，每千克水（或料）中约加入 5mg。

⑩抗体监测与疫苗免疫接种。应根据制订的免疫程序进行。有条件的鸡场应该在免疫接种以后的适当时间进行抗体监测，以掌握疫苗的免疫效果，如免疫效果不理想，应采取补免措施。

2. 育成阶段（7~20 周龄） 7 周龄到产蛋前的鸡称为育成鸡。育成期总目标是要培育出具备高产能力、有维持长久高产体力的青年母鸡群。

（1）育成鸡培育目标。体重符合标准、均匀度好（85％以上）；骨骼发育良好，骨骼发育应与体重增长相一致；具有较强的抗病能力，在产前确实做好各种免疫接种，保证鸡群安全度过产蛋期。

（2）雏鸡向育成鸡的过渡。

①逐步脱温。雏鸡在转入育成舍后应视天气情况给温，保证其温度介于 15~22℃。

②逐渐换料。换料过渡期用 5d 左右时间，在育雏料中按比例每天增加 15％~20％育成料，直到全部换成育成料。

③调整饲养密度。平养 10~15/m²，笼养 25 只/m²。

（3）生长控制。育成期的饲养关键是培育符合标准体重的鸡群，以使其骨架充实、发育良好。因此，从 8 周龄开始，每周随机抽取 10％的鸡进行称重，将平均体重与标准体重相比较。如体重低于标准，就应增加采食量和提高饲料中的能量与蛋白质的水平；如体重超过标准，可减少饲料喂量。同时，应根据体重大小进行分群饲喂，保证其均匀度。

（4）光照。总的原则是育成期宜减不宜增、宜短不宜长，以免开产期过早影响蛋重和产蛋全期的产蛋量。封闭式鸡舍最好控制在 8h，7~20 周龄，每周递增 1h，一直到 15~17h 为止。开放式鸡舍在育成期不必补充光照。

（5）及时淘汰畸形和发育不良的鸡。

3. 产蛋阶段（20 周龄至淘汰） 育成鸡培育到 18 周龄以后就要逐步转入产蛋期饲养管理，进入 20 周龄以后就要完全按照产蛋期管理。

产蛋期管理的基本要求是合理的生活环境（光照、温度、湿度、空气成分）、合理的饲料营养、精心的饲养管理、严格的疫病防治，使鸡群保持良好的健康状况，充分发挥优良品种的各种性能。为此，必须做到科学饲养、精心管理。

（1）提供良好的产蛋环境。开产是小母鸡一生中的重大转折，产第 1 个蛋是一种强刺激，应激相对大。

产蛋前期生殖系统迅速发育成熟，体重仍在不断增长，产蛋率迅速上升，因此生理应激反应非常大。应激使鸡只适应环境和抵抗疾病的能力下降，所以应减少外界干扰，减轻应激。

（2）满足鸡的营养需要。从 18 周龄开始，应给予高水平的产前料，在开产直到 50％产蛋率时，粗蛋白质水平应保证在 15％。以后要根据不同的产蛋率，选择使用蛋鸡料，保证其产蛋所需。

产蛋高峰期如果在夏季，则应配制高能量、高氨基酸营养水平的饲料。同时，加入抗热应激的药物。蛋鸡每天喂 3～4 次，加量均匀。同时，要保证不间断地供给清洁饮水。

（3）光照管理。产蛋鸡的光照应采用渐增法与恒定光照相结合的原则。若产蛋鸡光照突然增强，可致蛋壳质量下降，破损蛋、畸形蛋增加，猝死率提高。鸡觅食所需光照度一般较低，鸡能在不到 2.7lx 的光照度下觅食。但要达到刺激垂体和增加产蛋量的目的，则以 4 倍于此的光照度为宜。光照时间从 20 周龄开始，每周递增 1h，直至每天 17h。光照时间与光照度不得随意改变。

（4）做好温度、湿度和通风管理。产蛋鸡的适宜温度为 13～23℃，相对湿度为 55％～65％，通风应根据生产实际，尽可能保证空气新鲜和流通。

（5）经常观察鸡群并做好生产记录。健康情况、采食、产蛋量、存活、死亡和淘汰、饲料消耗量等都应该详细记录。在产蛋期，应该经常观察鸡群，发现病鸡时应迅速进行诊断治疗。

4. 蛋鸡产蛋期生理变化特点

（1）卵巢、输卵管在鸡只性成熟时急剧增长。性成熟以前输卵管长仅 8～10cm，性成熟后输卵管发育迅速，在短时期变得又粗又大，长 50～60cm。卵巢在性成熟前重量只有 7g 左右，在性成熟时迅速增长到 40g 左右。

（2）蛋壳在输卵管的峡部开始成形，大部分在输卵管子宫部完成。蛋壳形成所用的钙是饲料中的钙进入肠道，吸收后形成血钙，通过卵壳腺分泌，在夜间形成蛋壳。若饲料中钙含量较少不能满足鸡的需要，就要动用骨骼中的钙。因此，保持足量的维生素 D_3、钙和磷以及钙磷比例平衡对提高产蛋率和防止笼养蛋鸡疲劳综合征很有意义。

（3）成年鸡适宜的温度为 5～28℃，产蛋鸡适宜的温度为 18～23℃，低于 13℃、高于 28℃会明显影响产蛋性能。适宜的相对湿度为 60％～70％。

（4）光照对蛋鸡产蛋影响较大，蛋鸡的光照制度原则是只能延长、不能缩短，一般建议稳定高峰期光照 16h/d，产蛋后期可以延长到 17h/d。

（5）通风的目的在于调节舍内温度，降低湿度，排出鸡舍中的有害气体，如氨气、二氧化碳和硫化氢等，使舍内保持空气清新，供给鸡群足够的氧气。其中，氨气的浓度不超过 $25\mu g/m^3$，二氧化碳的浓度不超过 0.15%，硫化氢的浓度不超过 $1\mu g/m^3$。

（6）抗应激能力差，容易惊群，影响产蛋。蛋鸡在产蛋高峰期生产强度大，生理负担重，抵抗力较差，对应激十分敏感。如有应激，鸡的产蛋量会急剧下降，死亡率上升，饲料消耗增加，并且产蛋量下降后很难恢复到原有水平。

（二）蛋鸡饲料营养水平

鸡的生长、产蛋都需要一定的营养物质，而营养物质主要是从饲料中摄取。鸡获得各类营养物质后，营养物质经过体内的消化、代谢活动转变成鸡的体蛋白、氨基酸、脂肪、维生素、糖原等，进而被合成为人类需要的鸡产品。

1. 蛋鸡的饲养标准　蛋鸡的营养指标有代谢能、蛋白质、氨基酸、无机盐、维生素和必需脂肪酸。这里主要列出代谢能、粗蛋白质、钙、磷、食盐以及蛋氨酸、赖氨酸需要量（表 4-10）和我国产蛋后备鸡、产蛋鸡、肉用仔鸡配合饲料标准（表 4-11）。在蛋鸡配合饲料标准中，产蛋后备鸡包括雏鸡、青年鸡 2 个阶段。

2. 选择使用蛋鸡饲料应注意的问题

（1）在饲养蛋鸡中，在选购商品饲料时，应注意选择规模大、知名度较高的品牌，一定要按照不同生长发育和生产阶段选择，选购相对应饲料。

（2）育雏期最好使用颗粒全价饲料（破碎开口料）。

（3）育成期和产蛋期可选择使用浓缩饲料。浓缩饲料应按生产厂家推荐配方加入玉米（粉碎）、麸皮充分混合均匀后使用。

表 4-10　蛋鸡各阶段营养指标

项目	雏鸡	青年鸡		产蛋鸡		
	0~6 周龄	7~14 周龄	15~20 周龄	产蛋率 >80%	产蛋率 65%~80%	产蛋率 <65%
代谢能（Mcal/kg）	2.85	2.80	2.70	2.75	2.75	2.75
粗蛋白质（%）	18.0	16.0	12.0	16.5	15.0	14.0
蛋白能量比（g/Mcal）	63	57	44	60	54	51
钙（%）	0.80	0.70	0.60	3.50	3.40	3.20

（续）

项目	雏鸡 0～6 周龄	青年鸡 7～14 周龄	青年鸡 15～20 周龄	产蛋鸡 产蛋率 >80%	产蛋鸡 产蛋率 65%～80%	产蛋鸡 产蛋率 <65%
总磷（%）	0.70	0.60	0.50	0.60	0.60	0.60
有效磷（%）	0.40	0.35	0.30	0.33	0.32	0.30
食盐（%）	0.37	0.37	0.37	0.37	0.37	0.37
氨基酸（%）	0.30	0.27	0.20	0.36	0.33	0.31
赖氨酸（%）	0.85	0.64	0.45	0.73	0.66	0.62

表 4-11　产蛋后备鸡、产蛋鸡、肉用仔鸡配合饲料标准（%）

（GB/T 5916—2008）

	产品名称	粗蛋白质	赖氨酸	蛋氨酸	粗脂肪	粗纤维	粗灰分	钙	总磷	食盐
产蛋后备鸡配合饲料	蛋鸡育雏期（蛋小鸡）配合饲料	≥18.0	≥0.85	≥0.32	≥2.5	≤6.0	≤8.0	0.6～1.2	≥0.55	0.30～0.80
	蛋鸡育成前期（蛋中鸡）配合饲料	≥15.0	≥0.55	≥0.27	≥2.5	≤8.0	≤9.0	0.6～1.2	≥0.50	0.30～0.80
	蛋鸡育成后期（青年鸡）配合饲料	≥14.0	≥0.45	≥0.20	≥2.5	≤8.0	≤10.0	0.6～1.4	≥0.45	0.30～0.80
产蛋鸡配合饲料	蛋鸡产蛋前期配合饲料	≥15.0	≥0.60	≥0.30	≥2.5	≤7.0	≤15.0	2.0～3.0	≥0.50	0.30～0.80
	蛋鸡产蛋高峰期配合饲料	≥16.0	≥0.65	≥0.32	≥2.5	≤7.0	≤15.0	3.0～4.2	≥0.50	0.30～0.80
	蛋鸡产蛋后期配合饲料	≥14.0	≥0.5	≥0.30	≥2.5	≤7.0	≤15.0	3.0～4.4	≥0.45	0.30～0.80
肉用仔鸡配合饲料	肉用仔鸡前期（肉小鸡）配合饲料	≥20.0	≥1.00	≥0.40	≥2.5	≤6.0	≤8.0	0.8～1.2	≥0.60	0.30～0.80
	肉用仔鸡中期（肉中鸡）配合饲料	≥18.0	≥0.90	≥0.35	≥3.0	≤7.0	≤8.0	0.7～1.2	≥0.55	0.30～0.80
	肉用仔鸡后期（肉大鸡）配合饲料	≥16.0	≥0.80	≥0.30	≥3.0	≤7.0	≤8.0	0.6～1.2	≥0.50	0.30～0.80

注：1. 产蛋后备鸡配合饲料、产蛋鸡配合饲料中添加植酸酶大于等于 300FTU/kg，总磷可以降低 0.10%；肉用仔鸡前期、中期和后期配合饲料中添加植酸酶大于等于 750 FTU/kg，总磷可以降低 0.08%。

2. 添加液体蛋氨酸的饲料，蛋氨酸可以降低，但应在标签中注明添加液体蛋氨酸，并标明其添加量。

（4）在选购和使用饲料时，一定要认真仔细阅读所购饲料标签，看营养指标是否适合，是否加入药物等。若所购饲料含有药物添加剂，一定要注意防病治病时所用药物的配伍禁忌和使用量。

（5）在玉米、麸皮选择使用上，一定要注意质量，切勿使用发霉变质的饲料。

（三）蛋鸡品种

2009 年以前，国产祖代蛋鸡品种更新量占更新总量的比例低于进口品种，但从 2010 年开始高于进口品种。2013 年，国产品种所占比例大约在 55%，比进口品种高 10%。目前，国内国产蛋鸡品种主要有京红和京粉 1 号、大午京白 939、农大 3 号和新杨等。其中，北京市华都峪口禽业有限责任公司的京红和京粉 1 号市场份额最大，约占国产品种总市场份额的 68%。

1. 进口品种

（1）海兰蛋鸡。是美国海兰家禽育种公司育成的系列高产鸡种，在国内外蛋鸡生产中被广泛饲养，有海兰灰、海兰褐、海兰白等品系。海兰灰初生雏鸡全身绒毛为鹅黄色，体型轻小、清秀，毛色从灰白色至红色间杂黑斑，肤色黄色，性情温驯。海兰褐的商品代初生雏可以自别雌雄，母雏全身红色，公雏全身白色。海兰白初生雏鸡全身绒毛为白色，通过羽速鉴别雌雄，母系均为白来航，全身羽毛白色，单冠，冠大，耳叶白色，皮肤、喙和胫的颜色均为黄色，体型轻小、清秀，性情活泼好动，成年鸡与母系相同。海兰灰生产性能：1～18 周龄雏鸡成活率 96%～98%，出雏至 50% 产蛋率的天数为 152d（海兰褐 140～145d；海兰白 159d），高峰产蛋率 92%～94%（海兰褐 94%～96%），入舍鸡年产蛋数 331～339 个（海兰褐 330 个；海兰白 271～286 个）。30 周龄平均蛋重 61g，70 周龄平均蛋重 66.4g（海兰褐 65g）。蛋壳颜色为粉色（或褐色）。饲料转化率 2.1%～2.3%（海兰褐 2.0～2.25；海兰白 2.0～2.2），72 周龄体重 2kg（海兰白 1.68kg），耗料量 5.96kg（海兰褐 5.9～6.8kg；海兰白 5.70kg）。

（2）海赛克斯蛋鸡。由荷兰尤里勃利特公司培育，具有耗料少、产蛋多和成活率高的优点。

①褐壳蛋鸡。0～17 周龄成活率 97%，体重 1.41kg，每只鸡耗料量 5.7kg；产蛋期（20～78 周龄）每只鸡日产蛋率达 50% 的日龄为 145 日龄，入舍母鸡产蛋数 324 个，产蛋量 20.4kg，平均蛋重 63.2g，饲料转化率 2.24%，产蛋期成活率 94.2%，140 日龄后每只鸡日平均耗料量 116g，每个蛋耗料量 141g，产蛋期末母鸡体重 2.1kg。商品代羽色为自别雌雄，分 3 种类型：一是母雏为均匀的褐色，公雏为均匀的黄白色，此类占总数的 90%。二是母雏主要为褐色，但背部有白色条纹，公雏主要为白色，但背部有褐色条纹，此类占总数的 8%。三是母雏主要为白色，但头部为红褐色，公雏主要为白色，但背部有 4 条褐色窄条纹，条纹的轮廓有时清楚有时模糊，此类占总数的 2%。

②白壳蛋鸡。135～140 日龄产蛋，160 日龄产蛋率达 50％，210～220 日龄产蛋高峰产蛋率超过 90％，总蛋重 16～17kg。72 周龄产蛋量 274.1 个，平均蛋重 60.4g，每千克蛋耗料 2.6kg，产蛋期存活率 92.5％。

③罗曼蛋鸡。有褐色、粉色等品系，由德国罗曼家禽育种有限公司育成。褐壳商品代雏鸡可羽色自别雌雄，公雏白羽，母雏褐羽。0～20 周龄育成率 97％～98％，152～158 日龄产蛋率达 50％（粉色品系 140～150d）。0～20 周龄总耗料量 7.4～7.8kg，20 周龄体重 1.5～1.6kg（粉色品系 1.4～1.5kg）。高峰期产蛋率为 90％～93％（粉色品系 92％～95％），72 周龄入舍鸡产蛋量 285～295 个（粉色品系 295～305 个），12 月龄平均蛋重 63.5～64.5g（粉色品系 61～63g），入舍鸡总蛋重 18.2～18.8kg，每千克蛋耗料量 2.3～2.4kg。产蛋期末体重 2.2～2.4kg（粉色品系 2.2～2.4kg），产蛋期母鸡存活率 94％～96％。料蛋比 2.49：1 ［粉色品系（2.1～2.2）：1］，产蛋期死亡率 4.8％。产蛋期日耗料量 110～118g。

2. 国产品种

（1）农大 3 号。为节粮型小型蛋鸡的代表。市场占有率估测仅为 5％。体型小，成年鸡体重 1.6kg 左右，体高比普通蛋鸡低 10cm 左右，饲养密度可提高 33％。采食量低，产蛋高峰期日采食量平均 85～90g/只，比普通蛋鸡节粮 20％～25％，料蛋比一般为 2.0：1，高峰期可达 1.7：1，饲料转化率比普通蛋鸡提高 15％左右。该鸡抗病力强、适应性好、成活率高、性格温驯、不善飞翔，适合林地、果园等地散养或放养。

（2）京红/京粉系列。2009 年 4 月 18 日，北京畜牧业协会和国家蛋鸡产业技术体系联合在北京人民大会堂隆重举办"新品种培育与蛋鸡产业发展论坛暨'京红 1 号''京粉 1 号'新品发布"，正式向社会推出由北京市华都峪口禽业有限责任公司新培育的蛋鸡配套体系。这 2 个蛋鸡新品种配套体系充分考虑了我国适度规模的饲养条件。京粉 2 号蛋鸡由北京市华都峪口禽业有限责任公司选育，于 2013 年 1 月 24 日通过国家畜禽遗传资源委员会审定。商品代鸡群体型紧凑、整齐匀称，羽毛颜色均为白色，蛋壳颜色为浅褐色，色泽均匀；商品代蛋鸡 72 周龄产蛋数 310～318 个，产蛋总重 19.5～20.1kg；父母代种鸡受精率 92％～94％，受精蛋孵化率 93％～96％；适应性强，能耐受高温高湿的特殊环境，适合在我国南方地区进行规划养殖；性情温和，不抱窝，无啄肛、啄羽等不良习性；成活率高，育雏育成期成活率为 99％，产蛋期成活率 96％，抗病性强。目前，京红/京粉系列在国产蛋种鸡品种中所占比例不断提高，已接近 80％。

（3）大午京白 939。是我国自主培育的优秀高产粉壳蛋鸡配套系。2004 年河北大午农牧集团种禽有限公司将京白 939 原种鸡更名为大午京白 939。具有抗逆性强、耗料少、产量多、蛋重适中、蛋壳色泽明快等优点，特别适合在我国饲养。雏鸡全身为花羽，主要为白羽，但有一种头部、背部或腹部有几片黑羽，另一种是头部、背部或腹部有片状红羽（占30%）。母鸡为快羽，公鸡为慢羽，可通过羽速自别雌雄。成年鸡全身为花羽，一种是白羽与黑羽相间，另一种是头部、颈部、背部或腹部相杂红羽。单冠，冠大而鲜红，冠齿5～7个，肉垂椭圆而鲜红，体型丰满，耳叶为白色；喙为褐黄色，胫、皮肤为黄色。0～18周龄的成活率96%～98%，18周龄的体重1.34～1.4kg，20周龄的体重1.5～1.55kg，入舍鸡耗料量6.0～6.4kg，产蛋期（19～72周龄）成活率95%～97%，开产日龄（50%产蛋率）140～150d，高峰产蛋率94%～97%，72周龄入舍母鸡产蛋数332～339个，产蛋重20.3～21.4kg，平均蛋重61～63g，每只鸡日平均耗料量100～110g，料蛋比2.15∶1。

（4）新杨褐壳蛋鸡。为上海新杨家禽育种中心等三单位联合培育，父母代羽色自别雌雄。具有产蛋率高、成活率高、饲料转化率高和抗病力强的优点。体躯较长，呈长方形，体质健壮，性情温驯，红羽，但部分尾羽为白色，黄皮肤，单冠，褐壳蛋。1～20周龄的成活率96%～98%，20周龄的体重1.5～1.6kg，入舍鸡耗料量7.8～8.0kg，产蛋期（20～71周龄）成活率93%～97%，开产日龄（50%产蛋率）154～161日龄，高峰产蛋率90%～94%，72周龄入舍母鸡产蛋数287～296个，产蛋重18.0～19.0kg，平均蛋重63.5g，每只鸡日平均耗料量115～120g，饲料转化率2.25%～2.5%。

（5）苏禽青壳蛋鸡。由中国农业科学院家禽研究所主持培育。体型较小，结构紧凑，体躯呈船形。全身羽毛黑色，部分颈部带有红色羽毛；单冠红色，冠齿5～7个；喙、胫呈青色，无胫羽，四趾，皮肤白色。公、母鸡均活泼好动，眼大有神，生活力强，适应性广。成年公鸡体重1.4kg，母鸡体重1.25kg。72周龄入舍母鸡产蛋数平均183.5个，300日龄平均蛋重44.9g，产蛋期日采食量75～80g。0～18周龄育成率98%以上，产蛋期存活率95%以上。18周龄时体重1.05～1.1kg，22周龄时体重1.2～1.25kg。23周龄时50%以上的商品鸡进入产蛋期，27～28周龄时85%以上商品鸡进入产蛋期。产蛋期平均日采食量90～100g。该品种适宜全国各地养殖。

（6）其他绿壳蛋鸡。如东乡绿壳蛋鸡、长顺绿壳蛋鸡、新杨绿壳蛋鸡、麻城绿壳蛋鸡、卢氏绿壳蛋鸡等。

七、肉鸡的生长与生产

肉鸡由于培育程度很高，极其脆弱，所以对肉鸡的福利要求也特别高，相对于蛋鸡而言，肉鸡的体质很差，饲养管理不当就会导致很严重的后果。肉鸡平滑肌（内脏）和横纹肌（肌肉）的发育存在严重的不平衡，所以肉鸡养殖过程中经常会出现肝肾肿胀、肝肾不全、痛风、腺胃炎、腹水等疾病。肉鸡的新陈代谢极其旺盛，所以对环境的破坏力特别强，对温度、湿度的要求也很高，在代谢过程中肉鸡能排出大量有毒产物。所以养好肉鸡不但是一门科学同时还是一门艺术，要真正把肉鸡的健康养殖当成自己的事业来做，关爱、了解每一只肉鸡，只有这样才能养好肉鸡。

研究疾病和研究用药都不是真正健康养殖的理念，真正的健康养殖是提高肉鸡福利，善待每一只肉鸡，让肉鸡处于一种舒适的环境中，同时做好预防和日常的饲养管理工作，让肉鸡不患病或少患病，把用药作为备用手段，减少或者杜绝肉鸡药物残留，降低农资产品购入成本和饲养成本，尽可能地使用中药，掌握真正的养殖技术，这样才能称得上健康养殖。

（一）肉鸡的生长特点

1. 生产性能高　肉鸡有很高的生产性能，表现为生长迅速、饲料转化率高、周转速度快。肉鸡在短短的 42d 内，平均体重即可从 40g 左右长到 2 500g 以上，6 周间增长 60 倍以上，这种生长速度和经济效益是其他家禽不能相比的。

2. 对环境的变化敏感　肉鸡对环境的变化比较敏感，对环境的适应能力较弱，要求有比较稳定适宜的环境。

肉雏鸡所需的适宜温度要比蛋雏鸡高 1～2℃，肉雏鸡达到正常体温的时间也比蛋雏鸡晚 1 周左右。肉鸡年龄稍大以后也不耐热，在夏季高温时节，容易因中暑而死亡。

肉鸡的迅速生长对氧气的需要量较高。如饲养早期通风换气不足，就可能增加腹水症的发病率。

3. 抗病能力弱

（1）肉鸡的快速生长使大部分营养都用于肌肉生长方面，抗病能力相对较弱，容易发生慢性呼吸道病、大肠杆菌病等一些常见性疾病，一旦发病还不易治愈。肉鸡对疫苗的反应也不如蛋鸡敏感，常常不能获得理想的免疫效果，稍不注意就容易感染疾病。

（2）肉鸡的快速生长也使机体各部分负担沉重，特别是 3 周龄内的快速增长使机体内部始终处于应激状态，因而容易发生肉鸡特有的猝死症和腹水症（遗传病）。

（3）由于肉鸡的骨骼生长不能适应体重增长的需要，所以肉鸡容易出现腿病。另外，由于肉鸡胸部在趴卧时长期支撑体重，如后期管理不善，肉鸡常常会发生胸部囊肿。

（二）肉鸡生产技术要点

同第二章第二节（五）肉鸡生产技术要点。

八、水禽的生长与生产

水禽包括鸭、鹅、鸿雁、灰雁等以水面为生活环境的禽类动物（其中，迁徙水鸟包括天鹅，雁鸭类，以及3种鹤，分别为丹顶鹤、白枕鹤、蓑羽鹤）。水禽类的尾脂腺特别发达，此类候鸟大都在有水的地方，如湿地、岸边等活动。另外，鸭群善于在池塘中戏水。水禽冬季的绒羽十分丰厚。它们主要在水中寻食，部分种类有迁徙的习性。

我国已成为世界上最大的水禽生产国，水禽生产和消费的发展空间广阔。我国水禽的大宗品种鸭、鹅年饲养总量达到43亿只，鸭、鹅肉每年产量达到550万t，饲养量和产肉量均占世界总量的75％以上，其中鸭的年末存笼量和屠宰量占世界总量的67.3％和74.7％。水禽饲养已经成为我国许多地区特别是南方一些省份畜牧业生产的重要组成部分。

目前，我国已培育出许多生产性能优良的地方良种。如绍兴鸭、金定鸭、北京鸭、天府肉鸭、江南Ⅰ号、江南Ⅱ号、仙湖鸭、天府肉鹅等。

（一）商品肉鸭生产特点

1. 生长迅速，饲料转化率高　大型肉鸭的上市体重一般在3kg以上，比麻鸭上市体重高出$1/3\sim1/2$，尤其是胸肌特别丰厚。因此，出肉率高。

据测定，8周龄上市的大型肉用仔鸭的胸腿肉可达600g以上，占全净膛屠体重的25％以上，胸肌可达350g以上。这种肉鸭肌间脂肪含量多，所以特别细嫩可口。

2. 生产周期短，可全年批量生产　肉用仔鸭由于早期生长特别快，饲养期为6～8周，因此，资金周转很快，对集约化的经营十分有利。由于大型肉用仔鸭是舍饲饲养，加以配套系的母系产蛋量很高，所以无季节性限制。

3. 雏鸭的饲养管理技术

（1）开水。初生雏鸭第1次饮水称为开水。一般雏鸭出壳后24～26h，在开食前先开水。由于雏鸭在出雏器内的温度较高，体内的水分散失较多，因此必须适时补充水分。雏鸭一边饮水，一边嬉戏，雏鸭受到水的刺激后生理上处于兴奋状态，开水可促进新陈代谢，促使胎粪的排泄，有利于开食和生长发育。

开水常用的方法有：

①用鸭篮开水。通常每只鸭篮放40～50只雏鸭，将鸭篮慢慢浸入水中，

使水浸没脚面为止，这时雏鸭可以自由地饮水，洗毛2～3min后，就将鸭篮连同雏鸭端起来，让其理毛，放在垫草上休息片刻就可开食。

②雏鸭绒毛上洒水。

③用水盘开水。用一张白铁皮做成2个边高4cm的水盘，盘中盛1cm深的水，将雏鸭放在盘内饮水、理毛2～3min后，抓出放在垫草上理毛、休息后开食。以后随着日龄的增大，盘中的水可以逐渐加深，并将盘放在有排水装置的地面上，任其饮水、洗浴。

④用饮水器开水。即用雏鸭饮水器注满干净水，放在保温器四周，让其自由饮水，起初先要调教，可以用手敲打饮水器的边缘，引导雏鸭来饮水；也可将个别雏鸭的喙浸入水中，让其饮到少量的水，只要有个别雏鸭到饮水器边来饮水，其他雏鸭就会跟着它们一起饮水。以后随着日龄的增大，饮水器逐步撤到另一边有利于排水的地方。

以上4种方法，前2种适用于小群的自温育雏，后2种适用于大群的保温育雏。开水后，必须保证不间断供水。

（2）开食。雏鸭的第1次喂食称为开食。应提倡用配合饲料制成颗粒饲料直接开食，最好用破碎的颗粒饲料，更有利于雏鸭的生长发育和提高成活率。

雏鸭开食不能过早，也不能过迟。开食过早，一些体弱的雏鸭活动能力差，本身无吃食要求，往往被吃食好的雏鸭挤压从而受伤，影响今后开食；而开食过迟，因不能及时补充雏鸭所需的营养，因营养物质消耗过多、疲劳过度，雏鸭的消化吸收能力降低，造成雏鸭难养，成活率也低。雏鸭一般训练开食2～3次后就会吃食，吃食后一般掌握吃至七八成饱就够了，不能让雏鸭吃得太饱。

（3）喂料。第1周龄的雏鸭也应让其自由采食，经常保持料盘内有饲料，边吃边添加。一次投料不宜过多；否则，饲料堆积在料槽内不仅造成浪费，而且容易被污染。1周龄以后继续让雏鸭自由采食，不同的是为了减少人力投入，可采用定时喂料。次数安排按2周龄时昼夜6次，一次安排在晚上，3周龄时昼夜4次。每次投料若发现上次喂料到下次喂料时还有剩余，则应酌量减少；反之，则应增加一些。最初第1天投料量以每天每只鸭30g计算。第1周平均每天每只鸭35g，第2周105g，第3周165g，在21日龄和22日龄时喂料内加入25％和50％的生长育肥期饲料。

（二）肉鹅生产特点

一般当年的秋末开始直到翌年的春末为母鹅的产蛋期，即冬春季为鹅的繁殖季节。鹅有部分（母40％、公22％）固定配偶交配的习性。第2年或第3年产蛋量达到高峰。种母鹅利用年限为4～5年。种鹅群中2～3年的母鹅占

65％～70％。

1. 鹅的营养需要 根据鹅的不同生长发育阶段，供给不同营养水平的配合饲料。一般1～20日龄，代谢能11.7MJ/g，粗蛋白质20％；20～60日龄，代谢能11.7MJ/kg，粗蛋白质18％；60日龄以后，代谢能11.7MJ/g，粗蛋白质14％；育肥期代谢能要相应提高到12.0～12.5MJ/kg。

（1）保温。刚出壳鹅苗体温调节机能差，既怕冷又怕热，必须实行人工保温。一般需用红外线保温灯保温2～3周。适宜育雏温度为1～5日龄时27～28℃，6～10日龄时25～26℃，11～15日龄时22～24℃，16～20日龄时20～22℃，20日龄以后18℃。一般4周龄后方可安全脱温，但第1、第2周是关键。饲养雏鹅必须有相应的加温保暖设备才能保证雏鹅安全渡过育雏关。气温适宜时，5～7日龄便可开始放牧，气温低时则在10～20日龄开始放牧。

（2）防湿。前10d应保证相对湿度在60％～65％，10日龄后，雏鹅体重增加，呼吸量和排粪量也增加，垫草含水量增加，室内易潮湿，此时相对湿度应保持在55％～60％。栏舍内必须及时清扫干净，勤换垫料、垫草，垫料每2d应更换1次，并及时清除粪便，保持室内干燥和环境清洁卫生。

（3）通风换气。鹅舍通风换气时应注意防贼风，避免风直接吹在雏鹅身上，以免受凉。鹅舍2m高处要留有换气孔。在保温的情况下每天中午温度较高时要通风换气，以排出育雏舍内的水分和氨气。透气窗在冬季及阴雨天时白天打开，夜间要关闭。

（4）饲养密度。一般雏鹅平面饲养时，1～2周龄为15～20只/m²，3周龄时为10只/m²，4周龄时为5～8只/m²，5周龄以上为3～4只/m²，每群最好不超过200只。

（5）光照。光照对雏鹅的采食、饮水、运动、发育都很重要。1周龄内的雏鹅昼夜光照23h，50m²的鹅舍需40W灯泡1个，悬挂于离地面40cm高处；2周龄需18h/d的光照。随着日龄的增加，以后每天减少1h，直至自然光照。

（6）饮水和喂料。设置饲料槽和饮水器，自由采食和自由饮水。雏鹅出壳24h，先开饮后开食，开饮用0.05％高锰酸钾温热水，自饮5～10min以消毒胃肠道，随后饮水中加5％葡萄糖和少量维生素，有利于清理胃肠、刺激食欲、排出胎粪、吸收营养，以25℃的清洁水为宜，饮水后即开食。

开食时，先喂湿精饲料后喂青绿饲料，这是为了防止多吃青绿饲料少吃精饲料而腹泻。1～5d雏鹅吃料较少，每天喂4～5次，其中晚间1次，给予40％配合饲料＋60％青绿饲料；6～10日龄每天喂6～8次，其中夜间2～3次，给予30％～40％配合饲料＋60％～70％青绿饲料；10～20日龄每天喂6次，其中夜间2次，供给20％～30％配合饲料＋70％～80％青绿饲料；3周龄后，每天可喂5次，其中夜间1次，供给8％～10％配合饲料＋90％～92％的青绿饲料。

（7）适时脱温。一般雏鹅在 4～5 日龄体温调节机能逐渐加强，因此如果天气好、气温高，在 5～7 日龄时即可逐步脱温，每天中午可放牧，但早晚还需适当加温，一般到 20 日龄后可以完全脱温。但早春和冬天气温低，保温期需延长，一般 15～20 日龄才开始逐步脱温，25～30 日龄才完全脱温。脱温时要注意气温，根据气温变化灵活掌握，切忌忽冷忽热；否则，易引起疾病和死亡。

2. 适时免疫接种 鹅免疫接种程序：1～3 日龄，抗雏鹅新型病毒性肠炎病毒-小鹅瘟二联高免血清 0.5mL（或抗体 1～1.5mL），皮下注射；7 日龄，副黏病毒灭活苗皮下注射 0.25mL（无此病流行区可免）；4 周龄，鹅巴氏杆菌蜂胶复合佐剂灭活苗皮下注射 1mL。

3. 驱虫

（1）鹅绦虫病。在预防的基础上制订正常的驱虫制度。一般雏鹅在 15～20 日龄开始首次驱虫，每千克体重用阿苯达唑 40mg 灌服 1 次即可，以后每隔 20～25d 再驱虫 1 次，可保证鹅免遭寄生虫的危害。

（2）鹅球虫病。18～70 日龄，在饲料中交替使用抗球虫药，以防鹅球虫病的发生。用 2% 百毒杀，每周定期对养殖场、鹅舍、用具和带鹅消毒 1 次。

（3）药物防治疾病。为杜绝沙门氏菌、大肠杆菌、巴氏杆菌等感染，在育雏期饲料中应加入 0.1% 土霉素，拌料饲喂，其中 0～5 日龄饮水中加入 3 000～5 000U/只庆大霉素，以防大肠杆菌病等疾病。

4. 活拔羽绒的适宜时期 应根据羽绒生长规律来决定。鹅的新羽长齐需 40～45d。种鹅的育成期可拔羽 2 次；母鹅休产期可拔 2～3 次；成年公鹅常年拔羽 7～8 次。

活拔羽绒对鹅来说是一个较大的外界刺激，为确保鹅群健康，使其尽快恢复羽毛生长，必须加强饲养管理。拔羽后鹅体裸露，3d 内不要在强烈的阳光下放养，7d 内不要让鹅下水或淋雨，铺以柔软干净的垫草。饲料中应增加蛋白质的含量，补充微量元素，适当补充精饲料。7d 以后，皮肤毛孔已经闭合，就可以让鹅下水游泳，多放牧，多食青草。种鹅拔毛后应分开饲养，停止交配。

九、特禽的生长与生产

特禽养殖也称珍禽养殖。珍是珍稀之意，珍禽是指区别于一般普通的家禽，较珍贵稀有，是属于国家明令禁止捕杀、予以保护的品种，珍禽养殖就是经过合法手续渠道，以国家允许的珍禽品种进行人工合法驯养及科研和经营加工利用。自古以来人们对珍禽野味就比较青睐，但在古代，珍禽野味也只是身份显贵的人才能吃到的美味，主要也是由于当时珍禽品种比较少，大都靠打猎得到，不是一般老百姓能吃得到的野味。由于中国人的传统饮食观念和人们的生活水平提高，对生活质量的要求也高，这也就加大了人们对珍禽野味的需求，也加速了珍禽野味市场的发展，而珍禽的养殖也就渐渐火起来。

（一）鸽的饲养管理

鸽肉的营养价值高于鸡肉，正因为如此鸽养殖业兴旺了起来。不仅如此，我国养鸽历史悠久，已有 2 500 多年。全国肉鸽（乳鸽）生产规模和市场消费量已达到 7.6 亿只，总产值破 100 亿元大关，居全世界首位，鸽是我国仅次于鸡、鸭、鹅的第 4 大养殖禽类。

1. 肉鸽生长过程　养肉鸽的成本大大低于养肉鸡。从母鸽产蛋算起，经过 17～18d 的孵化，育雏 24d 即可出售，饲养期特别短。乳鸽从出壳到 30 日龄出售时共耗粮 1 000～1 500g，饲料用量非常经济。此外，目前蛋白质饲料价格高，肉用鸡饲料中的蛋白质比例高达 20％左右，而肉鸽饲料中的蛋白质比例只需 13％。如果大规模集约化饲养肉鸽，则其饲料成本明显低于肉仔鸡。

鸽蛋的孵化期为 17～18d，雏鸽最初由父母鸽用嗉囊内的鸽乳饲喂，然后由半乳半粮再逐步过渡到用浸润过的粮食饲喂。肉用乳鸽生长速度极快，25～30d 龄体重可达到 500～700g。以每对种鸽年产 6 对为例，价格按目前外贸部门收购价，扣除饲料成本、药费和管理费等，饲养 1 对种鸽每年可获利 100～150 元。若对乳鸽加以选择培育，2～5 月龄当作后备种鸽出售，则利润更大。因此，肉鸽养殖前景非常可观。

2. 乳鸽的饲养管理　乳鸽是指从出壳到断乳离巢这一阶段的幼鸽。乳鸽因生长速度快、饲养周期短、食量少、饲料转化率高、投资少、效益大，是肉鸽养殖的主要产品。出壳后的乳鸽由公、母鸽轮流哺育，一般需 30～35d，有的可哺育 40d。乳鸽有惊人的生长速度，一般 23～28 日龄体重可达 0.55～0.75kg。此外，雏鸽生命力脆弱，容易冻死、踩死和遭受鼠害。

从出壳到 8 日龄左右的雏鸽均由亲鸽喂养鸽乳，8～10 日龄的雏鸽由亲鸽喂养鸽乳和饲料混合物，10 日龄以后的雏鸽由亲鸽喂经过嗉囊稍做浸泡的食料。待雏鸽 8 日龄后，在亲鸽的喂料中适当地增加小粒饲料的比例，如高粱、大米等。此外，应在亲鸽的饲料中增加蛋白质饲料，满足其哺育乳鸽的营养需要；同时，要经常检查，一旦发现雏鸽消化不良，可人工添喂半片酵母。但在实际生产中，为了减轻亲鸽哺育的生理负担，让亲鸽提早产下一窝蛋，乳鸽通常在亲鸽喂养到 8～12 日龄时就进行人工哺育，使亲鸽产蛋期提前 10～20d。人工乳的配料为玉米 45％、小麦 15％、糙米 10％、豌豆 20％、奶粉 5％、酵母粉 5％，再加入适量的维生素、赖氨酸、蛋氨酸、食盐和矿物质，用开水以 1：（2～3）的料水比调成糊状，可煮熟喂。配好的料可用注射器接胶管经食管注入乳鸽嗉囊内，每天喂 2～3 次。到 18～20 日龄的乳鸽便可进入育肥期，此时可对乳鸽补饲一些颗粒饲料，经 8～10d 育肥，体重达到 500g 左右即可上市。

3. 生长鸽的饲养管理

（1）童鸽（1～2 月龄）。乳鸽在脱离亲鸽后，要按种用要求进行一次初选。刚离开亲鸽的幼鸽还不会采食和饮水，需要进行训练，有时可能还要进行人工填喂。在填喂时，要定时、定量，填喂过多会出现积食，可喂一些 B 族维生素或酵母片以促进消化。为提高雏鸽的体质，可加喂适量的鱼肝油和钙片。在刚离窝的前 15d 内，最好饲喂颗粒较小的谷物、豆类等籽食饲料，如小麦、糙米、绿豆、碎玉米，用水浸泡晾干后再喂，有利于乳鸽的消化吸收。同时，要加强防寒保暖和疫病防治工作。

（2）青年鸽（3～6 月龄）。3～4 月龄的青年鸽每群的数量可增加到 100对，这个时期应限制饲养，防止采食过多而导致过肥。有条件的应将公、母分开饲养，以防止早熟、早配和早产现象的发生。每天喂 2 次，每只每天喂35g。此外，还应进行一次驱虫和选优去劣工作。5～6 月龄的青年鸽生长发育已趋成熟，鸽子的主翼羽大部分更换到最后一根，应做好配对前的准备工作。日粮调整为豆类饲料，能量饲料占 70％～75％，每天喂 2 次，每天每只喂 40g；同时，进行驱虫、选优和配对上笼 3 项工作，以减少对鸽的应激刺激。

4. 日常管理

（1）饲喂方式及饲喂量。成年鸽一天喂三餐比喂两餐要好，一般多采取早餐 7:30、中餐 12:00、晚餐 18:00，并要做到定时、定量，不要早一餐、晚一餐和饱一餐、饥一餐，这样不但会影响鸽的食欲、对其生长发育不利，同时还容易造成消化道疾病。其饲喂量应根据鸽的大小、运动和哺育情况灵活掌握：非哺育期种鸽每对鸽每餐 40g 左右，后备种鸽和童鸽每对鸽每餐 30g 左右。

在饲喂乳鸽和童鸽前，应先将饲料用 40℃ 左右的水浸泡 30min，然后稍晾干再饲喂，有利于饲料的消化和减少嗉囊积食的发生。必须全天提供清洁的饮水，尤其在哺育期，如果供水不足，亲鸽就会拒绝哺育雏鸽，雏鸽也会因缺水而容易引起嗉囊积食。

（2）保健砂的投放。保健砂不但可以为鸽体提供必需的矿物元素，而且还能促进胃肠蠕动，有助于营养物质的消化吸收，以及吸附肠道有害气体和杀灭肠道病原微生物。鸽喜欢吃新鲜、干燥的保健砂，故保健砂的投放最好每天1 次，并做到按量投放。鸽在不同的生长阶段对保健砂的需要量也不同。鸽在孵化期，保健砂的需要量为每天每对 5.2～7.0g；哺育出壳 3d 内雏鸽的种鸽需要量为每天每对 6.2～8.0g；哺育出壳 1 周内雏鸽的种鸽需要量为每天每对

9.2～11.0g；2 周龄为每天每对 11.5～13.0g；3 周龄为每天每对 15.2～17.0g；4 周龄为每天每对 17.5～19.0g。

（二）鹌鹑的饲养管理

鹌鹑蛋是一种很好的滋补品，在营养上有独特之处，故有"卵中佳品"之称。鹌鹑蛋富含优质的卵磷脂、多种激素和胆碱等成分，对人的神经衰弱、胃病、肺病均有一定的辅助治疗作用。鹌鹑蛋中含苯丙氨酸、酪氨酸及精氨酸，对合成甲状腺素及肾上腺素、组织蛋白、胰腺的活动有重要影响。从中医学角度看，性味甘、平、无毒，入肺及脾，有消肿利水、补中益气的功效。在医学治疗上，常用于治疗糖尿病、贫血、肝炎、营养不良等病。

每 100g 鹌鹑肉含蛋白质 22g、脂肪 5g、胆固醇 70mg，能提供 561kJ 的热量。可见鹌鹑肉的蛋白质含量很高，脂肪和胆固醇含量相对较低，有健脑滋补的作用。

1. 育雏（1～20 日龄）

（1）育雏前准备。主要包括食槽、水槽及育雏室的清洗与消毒，准备饲料，保温设施，并试温。

（2）雏鹑饲养管理。

①保温。是育雏的关键，雏鹑体温调节功能不完善，对外界环境适应能力差，保温要求高于成年鹌鹑。育雏时前 3d 中心温度不能低于 39℃，之后在第 1 周内可逐步降至 35～33℃，第 2 周 32～29℃，第 3 周 28～25℃，看鹑施温。另外，还要注意结合天气变化，冬季稍高，夏季略低，阴雨天稍高，晴天稍低。

②饮水。应及时供给雏鹑温水；否则，会使雏鹑绒毛发脆，影响健康；长时间不供水会使雏鹑遇水暴饮，甚至湿羽受凉，出壳当天宜饮用 5％葡萄糖水，第 2 天饮 0.05％高锰酸钾水，以后每周饮高锰酸钾水 1 次即可。

③喂料。鹌鹑生长发育迅速，对饲料要求高。一般要求 24～30h 开食，自由采食，不断水、不停料，原则上 1d 4 次。

④饲养密度。饲养密度过大会造成成活率降低，小雏生长缓慢，长势不一；密度过小会加大育雏难度。因此，应合理安排饲养密度，每平方米 100～160 只，冬季密度大，夏季则相应减少。同时，应结合鹌鹑的大小，进行分群，适当调整密度。

⑤光照。育雏期间的合理光照有促进雏鹑生长发育的作用，光线不足会推迟开产时间，光照时间不能少于 20h。

⑥辅料。育雏器内的辅料最理想的是麻袋片，也可用粗布片。由于刚孵出的雏鹑腿脚软弱无力，行走时易造成"一"字腿，时间一长就不会站立而残

疾，因此辅料禁用报纸或塑料。

⑦日常管理。育雏的日常工作要细致、耐心，加强卫生管理，经常观察雏鹌精神状态，按时投料，及时清理粪便，保持清洁。

⑧观察雏鹌粪便情况。正常粪便比较干燥，呈螺旋状，如发现粪便呈红色、白色则须检查。

2. 青年鹌的饲养管理（20～40 日龄）　在这一阶段鹌鹑生长强度大，尤其以骨骼、肌肉、消化和生殖系统发育为快，此期的主要任务是控制其标准体重和正常的性成熟。

（1）饲养。可选用市售的鹌鹑专用料。鹌鹑专用料是结合鹌鹑特点研制的，更能提高饲料转化率，使其生长平稳，体重达标，不会过肥或过早成熟。

（2）管理。青年鹌需要适当减少光照时间，或者只保持自然光照即可。在自然光照时间长的季节，甚至需要把窗户遮上，使光照时间保持 15～17h。

3. 转群　鹌鹑由雏鹌舍转到青年舍或产蛋鹌舍称为转群。转群时应做好以下工作：

（1）转群前后 1 周应在饲料或饮水中加入维生素等抗应激药品，同时也可适当应用抗菌药物和驱虫药，防止因转群应激引起鹌群发病。

（2）转入鹌舍应整夜照明，以防止因应激造成挤堆。

（3）转群前 3h 断料、2h 断水，转入鹌舍应备好水、料。

（4）转群后应及时清理和消毒原鹌舍，空置 1～2 周，隔断病原传播，以备下次使用。

4. 成鹌的饲料管理（40 日龄至淘汰）

（1）产蛋鹌每天采食量 20～24g、饮水 45mL 左右；增加饲喂次数对产蛋率有一定影响，即便是槽内有水有料，也应经常匀料或添加一些新料。

（2）舍温。舍内的适宜温度是促使高产、稳产的关键，一般要控制在 25℃左右，低于 10℃时则停止产蛋，温度过低则造成死亡，一般增加饲养密度即可达到需求；夏季温度超过 35℃时，则采食量减少，张嘴呼吸，产蛋量下降，应降低饲养密度、增加舍内通风等。

（3）光照。光照有 2 个作用，一是为鹌鹑采食照明；二是通过眼睛刺激鹌鹑脑垂体，增加激素分泌。合理的光照可使母鹌早开产，提高产蛋量。鹌鹑产蛋初期和高峰期光照时间应达到 15～16h，后期可延长，每天应定时开关灯，以保持光照连续性，切勿任意变动。

（4）通风。产蛋鹌新陈代谢旺盛，加上密集式多层笼养，数量多、鹌粪多，因而必须通风，夏季的通风量每小时为 3～4m³，冬季为 1m³。

（5）密度。笼养蛋鹌的密度不能过大，过于拥挤会影响其正常的休息、采食，通风换气效果也差，在笼养条件下，每平方米面积可饲养蛋鹑 60 只左右。

（6）安静的环境。鹌鹑喜静，对周围环境非常敏感，饲养人员在下午或傍晚鹌鹑产蛋期间最好不要打扰它们。

（7）饮水。产蛋鹑不能断水，一旦断水，产蛋率会在一定时间内难以恢复。

参 考 文 献

傅祖陵，1962. 猪的生长发育及其饲养措施 ［J］. 中国农业科学（8）：46-49.

高焕军，祁兵，2005. 提高散养奶牛生产性能应注意四点 ［J］. 当代畜禽养殖业（3）.

贾春波，2016. 肉牛采食量的影响因素及提高策略 ［J］. 现代畜牧科技（7）：42.

姜淑妍，2020. 饲料中各种维生素对奶牛生产性能的影响 ［J］. 吉林畜牧兽医，41（1）：44，47.

孔庆斌，张晓明，2017. 玉米粉碎粒度对奶牛生产性能的影响 ［J］. 中国乳业（4）：40-44.

李杰，2016. 不同粉壳蛋鸡品种生长发育及产蛋性能比较研究 ［D］. 秦皇岛：河北科技师范学院.

李丽，2012. 浅议饲料因素对牛奶质量的影响 ［J］. 农民致富之友（22）：126-127.

李舒行，滕好远，1995. 冬季猪保暖的几点措施 ［J］. 吉林农业（2）：14.

刘倩倩，张廷荣，2014. IGF-I调节机体生长发育的研究进展 ［J］. 黑龙江畜牧兽医（19）：64-66.

满春伟，2016. 笼养、散养条件下三种蛋鸡产蛋性能及蛋品质的比较研究 ［D］. 成都：四川农业大学.

孙建华，2007. 农区散养户奶牛生产性能低下的原因及解决对策 ［J］. 农村科技（10）：52.

童达飞，2019. 热应激对猪生长发育的影响及防治措施 ［J］. 当代畜禽养殖业（8）：28-29.

谢崇文，1964. 饲养条件对犊牛消化道生长发育的影响 ［J］. 中国畜牧杂志（4）：24-28.

杨东丽，杨琼，罗嘉，等，2018. 外泌体参与骨骼肌机能调控研究进展 ［J］. 动物医学进展，39（1）：103-108.

杨璐璐，2016. 猪脂肪组织发育和体脂沉积的神经内分泌及免疫调控 ［J］. 畜牧兽医科技信息（11）：11.

袁立岗，蒲敬伟，石琴，等，2017. 影响养殖小区奶牛生产性能的原因及对策 ［J］. 中国牛业科学，43（4）：59-61.

张克春，唐文红，2002. 断奶仔猪生长发育迟滞的原因及对策 ［J］. 上海畜牧兽医通讯（6）：28-29.

赵建成，陶春文，1996. 提高奶牛生产性能示范和推广工作的经验 ［J］. 中国奶牛（5）：7-8.

赵伟杰，罗培，王丽娜，2019. 蛋白聚糖在骨骼肌发育中作用的研究进展 ［J］. 畜牧与兽医，51（6）：140-143.

周世朗，1981. 内江仔猪生长发育的研究 ［J］. 畜牧与兽医（4）：6-8.